AF403908

RÉPERTOIRE

…EL ET RAISONNÉ

…CULTURE,

RÉPERTOIRE

UNIVERSEL ET RAISONNÉ

D'AGRICULTURE.

CAROTTE ET PANAIS,

EN PLEINE TERRE.

RÉPERTOIRE
UNIVERSEL DE L'AGRICULTURE
D'AGRICULTURE.

A.

CAROTTE ET PANAIS

EN PLEINE TERRE.

RÉSULTATS

DES EXPÉRIENCES

SUR

LA CAROTTE ET LE PANAIS

CULTIVÉS EN PLEIN CHAMP,

Pour démontrer que ces Racines sont les plus utiles de celles qu'on ait pu introduire dans l'exploitation des terres, et pour diriger les Fermiers qui voudront mériter le Prix du Concours que vient d'ouvrir, à ce sujet, la Société d'Encouragement de l'Industrie Nationale.

Dédiés aux Fermiers des Biens du Sénat et de la Légion d'Honneur, et principalement à ceux de la Sénatorerie de Dijon.

Par N. FRANÇOIS (de Neufchateau.)

AVEC UNE GRAVURE.

Nous devons faire des vœux pour que la Culture des Carottes, faite en grand, s'introduise en France.

ROZIER, *Cours complet d'Agriculture*, T. 2, in-4°. p. 580.

A PARIS,

CHEZ BOSSANGE, MASSON ET BESSON.

AN XIII. — 1804.

LE PRÉSIDENT

DU

SÉNAT-CONSERVATEUR,

Grand-Officier de la Légion d'Honneur,
Titulaire de la Sénatorerie de Dijon, etc.

AUX FERMIERS

*Des Biens du Sénat et de la Légion d'Honneur,
et principalement à ceux de la Sénatorerie de
la Côte-d'Or.*

Paris, le 3o fructidor, an 12.

JE suis né parmi vous, mes chers Concitoyens,
bons et respectables Fermiers ! et je m'en suis
toujours fait gloire. Elevé aujourd'hui à une des
premières Places de l'Empire Français, par le
choix du premier et du plus grand des Empe-
reurs, je n'ai point oublié, je n'oublierai jamais
que j'ai été formé par des Cultivateurs, en état
d'instruire les autres et jaloux de s'instruire eux-
mêmes. Depuis ma tendre enfance, attaché à la
glèbe, ami de ceux qui la défrichent, je vous
porte un tendre intérêt. Animé par ce sentiment,
invariablement fidèle à mes plus anciens amis,
c'est pour vous que j'ai fait ce livre, le premier

a 3

du Recueil d'un *Répertoire universel et raisonné d'Agriculture*, que je prépare exprès pour vous.

Une nouvelle année est prête à commencer. A l'ouverture de l'an treize, je veux vous offrir vos étrennes.

Beaucoup de gens assurent que vous ne lisez point ; ce sont précisément ceux qui ne veulent pas qu'on vous apprenne à lire. Et d'autres font semblant de croire que ceux qui savent lire ne daignent pas vous informer de ce qu'on a écrit pour vous. Pour moi, heureusement, je suis sûr du contraire. Je peux du moins citer des faits.

Lorsqu'on publia le *Traité des Prairies arti-ficielles*, en 1756, un Laboureur de la Champagne, à qui l'on n'avait fait que prêter cet ouvrage, passa la nuit entière à le copier de sa main. Mais voici quelque chose qui m'est plus personnel.

Il y a quarante ans, que j'étais au collége. Je passais mes vacances chez un Cultivateur, (M. Leclerc, très-bon Fermier, à la Maison-Dieu, près Liffol, district de Neufchâteau). Tous les soirs, ce brave homme, en revenant de la charrue, me dictait des passages de la *Maison rustique*, qui lui faisaient très-grand plaisir, et qu'il m'apprenait à goûter. Qu'eût-ce été, s'il avait connu le *Théâtre d'Agriculture* de l'illustre Olivier Deserres ?

Il prétendait, en outre, que j'apprisse par cœur quelques titres, bien ennuyeux, des coutumes du Bassigny ; c'était la loi locale. Je n'étais qu'un enfant. Cet honnête Fermier me prédisait qu'un

jour je pourrais faire aussi des livres. Il me faisait
promettre de travailler pour les campagnes; et ce
n'est pas ici, pour la première fois, que j'aime à
lui tenir parole.

Mes chers Amis, l'instruction n'est point un
privilége, et je sais bien, quoi qu'on en dise, que
vous aimez aussi à connaître la vérité.

Le Gouvernement d'un grand homme n'est
point fondé sur les ténèbres. Parmi tout ce qui
distinguera des trois premières races la quatrième
dinastie, croyez que c'est sur-tout le progrès des
lumières qui doit signaler à jamais le règne de
NAPOLÉON. Ainsi, je ne m'excuse plus d'avoir
écrit pour les campagnes. Travailler pour le Peuple, c'est servir l'Empereur.

Vous saurez qu'il existe, sous la protection de
cet auguste Prince, une Société de beaucoup de
bons Citoyens, qui donnent tous les ans des fonds
pour l'encouragement de l'industrie nationale.
Cette belle institution, ébauchée, il est vrai,
dans l'ancien régime, interrompue ensuite par les
événemens de 1789, s'est relevée, avec éclat, aux
rayons du soleil nouveau qui éclaire aujourd'hui
la France. Elle a proposé un Concours, dont
plusieurs prix sont relatifs au grand Art de l'A-
griculture. C'est ce qui me ramène à vous, mes
chers Correspondans!

Un des prix proposés pour l'encouragement
de l'industrie nationale, a été destiné par la Société, à celui qui, dans cette année, aura cultivé des carottes, non pas dans un jardin, comme

les maraîchers, mais en campagne ouverte,
comme les bons Fermiers Flamands, sur un terrein de deux hectares, (ou quatre grands arpens).

Quatre arpens de carottes!... Voilà ce qui
pourra surprendre ceux qui ne veulent faire que
ce qu'ils ont vu faire. On vous reproche, mes
Amis, cette obstination de routine et de préjugé,
qui ne saurait admettre nulle innovation; on
vous en fait un crime, sans dire, cependant,
qu'on vous y a forcés par des clauses impitoya-
bles ou par d'absurdes réglemens.

Ah! trop souvent, hélas, vous fûtes traités
en esclaves! Moi, je parle à des hommes libres.
En écrivant à mes Fermiers, je m'adresse, avec
confiance, à mes Associés, dans le grand pacte en
commandite, qu'établit la culture entre ceux
qui baillent les fonds et ceux qui les cultivent.
Nous avons réciproquement, Propriétaires et
Fermiers, des devoirs, et des droits, en cette qualité d'Associés commanditaires pour l'exploitation
des biens, où l'un a pour mise le sol, et l'autre
le travail. Il existe un lien sacré, qu'on a trop
méconnu, entre les deux parties de cette associa-
tion. Je respecte ce nœud, je viens lui rendre
hommage, en vous offrant, mes chers Amis, une
occasion naturelle d'améliorer à la fois les produits sur lesquels doit compter le Propriétaire,
qui avance le sol, et les légitimes profits qui doivent payer le Fermier, créancier de son industrie.

Mes chers Concitoyens, je vous prouve ma
confiance, et j'ambitionne la vôtre.

Je commence par vous donner une copie fidèle du programme que vous propose la Société respectable de l'Industrie nationale. J'ai pris sur moi le soin de vous faire passer un exemplaire exprès de cette proposition , dont , sans cela peut-être, vous n'auriez point ouï parler. J'espère que du moins, et ma lettre, et mon livre , seront rendus à leur adresse ; et quoi que l'on en dise, je me flatte d'être entendu. Je sais que je parle à des hommes , à des amis de la nature, et à de bons Français.

Je dis, de bons Français. Oui ! la gloire nationale est ici en ligne de compte. Quand vous aurez bien lu ce livre, vous apprendrez que des Anglais se font honneur d'une culture qui existe depuis des siècles dans l'heureux climat de la France. Vous ne souffrirez point que nos ennemis éternels veuillent primer dans aucun genre. Vous voudrez faire mieux, en tout, que vos rivaux.

Voici donc l'exposé de ce que demande aux Fermiers, cette utile Société , qui veut encourager les cultures nationales.

EXTRAIT

Du Programme des Prix proposés par la Société d'Encouragement de l'Industrie nationale , pour être décernés en l'an 13.

———————

Prix pour la culture en grand de la Carotte.

« La culture en grand des carottes, pour la nourriture des animaux , a été recommandée avec raison par un grand nombre d'agronomes. Cette racine est non-seulement très-agréable aux chevaux, aux bêtes à cornes, aux moutons et aux porcs ; mais encore elle leur fournit pendant l'hiver, une nourriture fraîche et abondante. Cependant, malgré les essais heureux qui ont été tentés à cet égard, en France, malgré les exemples constans de quelques nations voisines, la culture de la carotte, dans une grande partie de la France, est encore bornée à nos jardins potagers ; et le prix élevé de cette racine, dans nos marchés, prouve qu'elle n'est pas assez multipliée, même pour la nourriture des hommes. La Société ne croit pas devoir répéter ici des détails de culture et de produits qui se trouvent dans tous les livres d'agriculture et de jardinage ; mais elle veut appeler, sur la pratique, l'attention des Agriculteurs, et leur montrer l'importance qu'elle attache à cette culture précieuse. En conséquence, elle se propose de décerner, en l'an 13, un prix de la valeur de 600 francs, à l'Agriculteur qui, dans un département où la culture en grand de la carotte n'est pas pratiquée, aura cultivé avec succès cette plante, sur la plus grande étendue de terrein ; cette étendue ne pouvant être moindre de deux hectares (environ six arpens de Paris).

» Dans le cas où plusieurs concurrens auraient ensemencé et cultivé avec les mêmes précautions une égale étendue de terrein, la Société accorderait le prix à celui qui aurait semé ses carottes avec les grains de mars. Cette pratique, qui a lieu dans plusieurs pays, a des avantages que la Société saisit cette occasion de mettre les Cultivateurs à même de mieux apprécier.

» Dans cette hypothèse, on doit employer quatre kilogrammes de graine par hectare de terre (environ trois livres par arpent). Semées de cette manière, les carottes exigent moins de binage et de sarclage, et peu de tems après la récolte des grains de mars, les champs sont couverts des fanes des carottes qui ont poussé à l'abri des plantes qui entretenaient une fraîcheur favorable à leur végétation.

» On se borne à indiquer que la fourche de fer à trois dents est l'instrument le plus commode pour arracher les carottes. Une charrue à petit soc peut être employée à cet usage, dans les grandes exploitations, et cette méthode est beaucoup plus expéditive.

» Les concurrens devront détailler par écrit les procédés qu'ils ont suivis dans leur culture, la quantité et la qualité des produits, ainsi que l'emploi qu'ils ont fait, ou qu'ils se proposent de faire, de leur récolte.

» L'exactitude des faits contenus dans les Mémoires devra être certifiée par les Autorités administratives locales ; et les Mémoires seront envoyés, francs de port, au Secrétaire de la Société, avant le 15 frimaire an 13. »

Sitôt que ce programme a pu être connu, je me suis dit que je voudrais voir remporter le prix de la culture des carottes par un de nos dignes Fermiers des terres du Sénat, ou de la Légion d'honneur. Nous devons désirer que nos Fermiers donnent l'exemple. Je prétends y aider les miens; mais, pour les décider à disputer le prix, j'ai conçu qu'il leur manquerait:

1°. La connaissance suffisante des conditions du concours;

2°. Des instructions nécessaires sur les avantages immenses attachés à cette culture;

3°. Des moyens pour la pratiquer, sans inconvénient, dans l'état actuel de leurs locations.

Je reprends ces trois points, qui ont besoin d'être expliqués.

I. Pour vous bien informer de ce que l'on demande, afin de décerner un prix de six cents francs à celui qui aura rempli les conditions proposées, j'ai fait réimprimer, comme vous le voyez, le programme dont il s'agit. Je compte l'envoyer aux Fermiers de mes biens dans les Départemens où est ma Sénatorerie (*la Côte-d'Or, la Haute Marne, Saône et Loire*).

Je suis persuadé que l'Administration des autres fermes du Sénat et de la Légion d'honneur ne dédaignera pas de concourir également à une si bonne œuvre, dans les ressorts plus étendus qui leur sont affectés.

Cependant, je l'avoue, j'ai cru devoir développer les conditions du programme, qui ne parle que des carottes. J'y ai ajouté les panais.

Les panais peuvent prospérer dans une terre différente du sol favorable aux carottes. Les panais sont aussi moins sensibles à la gelée : on peut impunément les laisser dans la terre. Ces deux espèces de racines peuvent s'unir et croître dans le même terrein. J'ose croire qu'à cet égard la Société qui s'occupe de l'encouragement de l'industrie nationale, ne désavouera pas l'addition que j'ai pensé qu'il fallait faire à son programme. J'en appelle, au surplus, au zèle et aux lumières de ceux qui la composent, et je me fais honneur de déférer en tout à leur expérience.

II. Les avantages de tout genre qui doivent résulter de la culture en grand de la carotte et du panais, sont effleurés, en peu de mots, dans cet article du programme de la Société, que je viens de transcrire. Les savans qui l'ont rédigé, n'avaient pas besoin de s'étendre, ils étaient pénétrés de ce qu'ils proposaient ; mais pour moi, je conviens que j'ai cru nécessaire de donner aux Fermiers des notions complètes, des exemples nombreux, et enfin des renseignemens qui ne laisassent en arrière rien de ce que l'on sait maintenant sur les deux racines dont il est question. J'ai rassemblé jusqu'à vingt-quatre numéros de ces renseignemens utiles, et trop peu connus, qui remontent à l'an 1750, et qui de là descendent par progression jusques au moment où j'écris. Vous trouverez ici des notes sur la culture en grand de la carotte et du panais, et sur l'emploi de leurs produits, pour l'homme et pour les animaux, dans une multitude d'époques, de terreins, de climats différens. Vous entendrez parler, sur cet objet intéressant, des savans, des cultivateurs, des administrateurs, des économes, des chimistes, des médecins, des hommes de toutes les conditions. Vous verrez des expériences prises sous tous les points de vue, dont plusieurs sont décrites et calculées par des Fermiers. Vous connaîtrez des résultats que vous pourrez apprécier, contrôler, critiquer, recommencer à votre gré. Enfin, vous trouverez des calculs et des bases, d'où vous pourrez partir pour vous déterminer à concourir au prix que la Société de l'industrie nationale s'est empressée de vous offrir.

Le mérite d'un tel Recueil est de faire naître des vues, et de suggérer des idées et des expériences, qui rendent à la fin le Recueil lui-même inutile. Je suis loin de vouloir vous prévenir à ce sujet, en répétant ici d'avance ce que je vous invite à lire. Cependant, je l'avoue, j'ai été surtout entraîné par deux considérations, qui recommandent, à mon sens, d'une manière spéciale, la culture en plein champ de la carotte et du panais.

1°. C'est que cette culture est le meilleur moyen d'abolir le système des jachères, ou des versaines, dans les départemens où la terre est tenue stérile, de trois années l'une, sous prétexte de son repos; ce qui prive la France d'un tiers de produit annuel, perte vraiment incalculable.

2°. C'est qu'en outre cette culture est aussi le meilleur moyen d'encourager un autre objet, qui ne saurait trop l'être, dans l'état actuel de nos bois et forêts, je parle des plantations.

En effet, vous verrez, 1°. que s'il existe dans le monde une méthode d'alterner, ou de faire produire au sol, dans l'année de jachère, une récolte profitable, et qui en même-tems rende le sol net et fertile, c'est sur-tout la culture en grand de la carotte et du panais. Ce point a été démontré, jusqu'à la dernière évidence, par l'illustre Agronome Anglais, M. Arthur Young. Il dit, en propres termes, qu'il n'y a pas, en Angleterre, un article d'agriculture qui mérite plus d'attention que celui-là. On doit lui savoir gré des efforts qu'il a faits pour prouver cette vérité, et pour la mettre en vogue. Il l'avait devinée, avant d'en avoir vu la preuve, par les cultures de Suffolk. Dans son enthousiasme pour la culture des carottes, il a presque tenté de proscrire l'avoine. On peut ne pas se rendre à cette exagération; mais on ne peut disconvenir de l'excellence des carottes pour augmenter, par leur récolte, la valeur du terrein où elles sont plantées, et cela, d'année en année.

Sur ce point, les raisonnemens de cet illustre Agriculteur peuvent se réduire à ceci:

Pour nourrir dans l'hiver les bêtes d'attelage, il faut semer beaucoup d'avoine, et l'avoine est une récolte qui épuise la terre. De toutes les

récoltes, la carotte, au contraire, est la plus
améliorante, et les chevaux ne sont jamais en
un meilleur état que lorsqu'ils mangent des carottes. Il ne leur faut que peu de foin pendant
qu'ils ont de ces racines. Or, ces racines peuvent
venir abondamment dans les champs qui sont en
jachères, et qui, en cet état, ne reçoivent communément que des labours stériles. Quelle comparaison à faire pour les produits de chaque année et pour l'accroissement du fonds, entre deux
domaines, dont l'un s'épuise pour nourrir les
animaux qui le labourent, et dont l'autre se
bonifie, d'une manière progressive, en subve-
nant au même objet d'une manière plus parfaite,
puisque l'emploi d'une récolte de carottes pour
nourrir des chevaux, laisse un profit net à-peu-
près aussi considérable que l'est le produit brut
d'une récolte de froment?

Mais pourquoi la récolte de la carotte et du
panais est-elle, des récoltes vertes, la plus avantageuse et la plus améliorante? C'est ce qu'aucun auteur n'a dit, et ce qu'il est nécessaire de
bien considérer. On pourrait présumer, 1°. que
l'épaisseur de leurs feuillages, couvrant exactement la terre, contribue à la maintenir en un
meilleur état. 2°. Que leurs racines, qui s'en-
foncent et creusent le sol très-avant, lui donnent ainsi une espèce de labour naturel. Mais,
sans nier ces avantages, purement mécaniques,
je crois que ces deux plantes n'épuisent point le
sol, parce qu'on les récolte simplement en racines,

et que l'on n'attend pas qu'elles montent en graine. La formation des semences, ce grand objet de la nature, est aussi ce qui constitue sa plus forte dépense. Les blés, et tous les végétaux dont l'homme veut avoir ou le grain, ou le fruit, sont ceux qui pompent la substance de tous les élémens, et qui, par leurs productions complètes et développées, appauvrissent la terre; mais le trèfle, coupé en herbe, mais la carotte et le panais recueillis en racines, sans avoir porté graines, ces productions commencées, et, pour ainsi dire, ébauchées, ne coûtent presque rien au sol; et comme elles sont néanmoins précieuses pour l'homme et pour les animaux, dans l'état imparfait où il jouit de leurs racines, il peut exiger de la terre, plusieurs années de suite, le même sacrifice, sans en altérer les ressources. Je livre cette conjecture aux physiciens en état de combattre l'idée ou de la confirmer; mais le résultat est certain, c'est ce qui suffit aux Fermiers.

En second lieu, j'ai dit que la carotte et le panais se lient heureusement avec le puissant intérêt que nous avons en France de faire des plantations.

La suppression des jachères, et leur remplacement par une espèce de récolte qui améliore le sol, n'est pas le seul objet que nous devions recommander à nos Cultivateurs. Le premier besoin de la France, c'est la plantation des arbres, soit pour renouveler les forêts qu'on a dévastées si indiscrètement, soit pour multiplier les fruits, ces premières douceurs champêtres, et qui cependant sont si rares dans certaines localités. Sous ces deux points de vue, on ne saurait trop insister sur les plantations. J'ai toujours eu à cœur d'en faire sentir l'importance, et d'en faire naître le goût. Rien ne me flatte davantage que d'avoir pu y concourir. J'aime à entendre dire que le territoire français s'est couvert, à ma voix, d'une multitude innombrable de robiniers, d'arbres à cidre, etc. Eh bien ! ce qui accroît encore l'attrait de ces plantations, c'est la facilité d'y joindre la culture des carottes en pleine terre. Les frais considérables qu'exige le succès des arbres que l'on plante pour approprier le terrein, sont remboursés, avec usure, en semant des carottes dans le sol qu'on a défoncé. Si la plantation a eu lieu en automne, on bêche le terrein légèrement en germinal, et, l'on y sème les carottes et les panais mêlés ensemble. On verra ci-après que ces graines s'allient. Si l'on ne plante qu'au printems, l'on travaille la terre, pour la seconde fois, dans le mois de ventôse, et les carottes sont semées, et les arbres plantés dans le même moment. On sarcle deux fois les carottes : lorsqu'on arrache ces racines, la terre est remuée, et les plantations s'en trouvent beaucoup mieux que si l'on cultivait exprès la terre dans leurs intervalles.

On fera néanmoins plusieurs objections contre cette culture en grand de la carotte et du panais.

On se plaindra, 1°. de la dépense qu'entraînent les sarclages ; 2°. de la difficulté de conserver cette récolte ; car plus elle est considérable, plus elle paraît encombrante.

Examinons pourtant, avec un peu de bonne foi, ces deux obstacles prétendus.

Les sarclages fréquens qu'exigent ces racines, peuvent sembler dispendieux ; mais ils offrent d'ailleurs un genre d'intérêt que n'ont pas les autres sarclages : car les carottes superflues que le sarcleur enlève, sont bonnes pour les hommes et pour les bestiaux. De cette plante précieuse tout profite, et rien ne se perd. En Flandres, on sait ce que c'est que d'*entre-cueillir* les carottes, et l'on ne se plaint pas d'avoir cette opération à faire. Les potages des ouvriers s'en ressentent long-tems.

Enfin, ces sarclages eux-mêmes, contre lesquels on se récrie, on peut les rendre moins nombreux et bien moins nécessaires, soit en associant la graine des carottes à celle des blés du printems, ou même aux seigles de l'automne (N°. 8 de ce Recueil, pag. 98 ; N°. 15, pag. 151, et sur-tout N°. 16, pag. 162) ; soit en préparant cette graine par un moyen qui accélère sa germination, qui hâte sa croissance, et qui économise le premier des trésors, le tems, si précieux sur-tout pour les Agriculteurs. (*Voyez*, dans ce Recueil, l'article intéressant de M. Alphonse Leroy, N°. 19, pag. 176.)

Quant aux difficultés que présente la garde

d'une récolte de carottes, quand elle est très-considérable, ce sont bien des soins, il est vrai; mais il y a, dans ce Recueil, des moyens d'y parer. Je ne sais pas si, dans le fond, le Cultivateur doit se plaindre d'avoir un pareil embarras. J'ai multiplié, à dessein, les notions sur les usages qu'on peut faire de ces racines. Au surplus, fallût-il les garder en nature, on ne serait pas excusable de ne pas en prendre la peine. Je me borne à un seul exemple de ce que peut, à cet égard, la prévoyance d'un Fermier.

Suivant M. Arthur Young, M. Baker, Agriculteur dans le comté de Leicester, conserve ses carottes dans des creux ou tranchées, de trois pieds de largeur, sur dix pouces de profondeur. Il coupe le feuillage, et range les racines debout ou verticalement, en les réunissant, de manière qu'elles se touchent. Quand la tranchée est pleine, il la couvre de paille, puis recouvre la paille même de la terre de la tranchée. Il les conserve ainsi très-bonnes, jusques en mai et juin (en floréal et prairial).

III. Enfin, je vous suppose intruits des conditions du concours pour la culture en grand de la carotte et du panais; des avantages qui résultent de cette récolte-jachère, pour vous, pour vos plantations, pour vos champs et votre bétail; des moyens de lever les obstacles qu'elle présente; mais il reste d'autres obstacles, bien importans à écarter, car ils naissent précisément des conditions de vos baux, et de l'intérêt même que les Propriétaires ont eu à vous prescrire les clauses des assolemens et la défense expresse de contrevenir à cet ordre immuable et sacré.

Mes chers concitoyens, les Conventions doivent être, en effet, respectées. On vous a imposé, de tout tems, l'obligation de suivre l'ordre des saisons ou des soles accoutumées : on a vu, par l'expérience, que ceux qui l'ont enfreint par une fausse avidité, se sont trompés eux-mêmes en trompant leurs Propriétaires. Les dessolemens indiscrets finissent par frapper les terres de stérilité. Dans les tems anciens, on a donc eu raison, en interdisant aux Fermiers de mettre sur un même sol, du blé, ou d'autres grains, plusieurs années de suite. On a prescrit des intervalles. On a ménagé à vos champs ces années de repos, que l'on nomme *jachères,* ou *versaines,* ou *sombres,* suivant les différens pays. Si vos baux portent cette clause, vous ne pouvez la violer de votre autorité. Vous seriez très-répréhensibles de manquer en ce point aux pactes convenus. Mais le Propriétaire qui vous a fait la loi pour son propre intérêt, peut concevoir aussi qu'un intérêt mieux entendu lui conseille de la changer. C'est ce que je fais aujourd'hui, lorsque j'engage les Fermiers de ma dotation à concourir au prix offert par la Société de l'Industrie nationale pour la culture en pleine terre, de la carotte (et du panais, que je me permets d'ajouter à cette première racine, bien sûr d'interpréter ainsi les intentions présumées de la Société).

Loin donc de m'opposer à ce que mes Fermiers dessolent, pour l'objet de cette culture, ceux de leurs champs où ils croiront pouvoir l'essayer cette année, je déclare, au contraire :

1°. Que j'autorise mes Fermiers à destiner, chacun, deux hectares au moins du terrein de leur ferme, pour y semer, dès cette année, des carottes et des panais, dans le dessein de concourir au prix de 600 francs offert par la Société de l'Industrie nationale, sur-tout s'ils veulent les semer, au printems de l'an XIII, dans les blés, ou les seigles, qu'ils vont emblaver cet automne, ou dans les mars qu'ils semeront au même printems de l'an XIII.

2°. Que je consens, dès à présent, qu'ils fassent la même semence de carotte et panais, dans les champs qui seraient en pure jachère, ou versaine, sans que moi, ni mes ayants-cause, nous ayons à nous plaindre de ces dessollemens, ni à leur demander un surcroît du prix de leur bail à raison de cette récolte.

3°. Que si c'est un de mes Fermiers qui mérite le prix proposé pour cette culture par la Société de l'Industrie nationale, je promets et m'oblige ici d'augmenter de moitié en sus le prix fixé à 600 francs, et d'accorder, en conséquence, à celui qui aura mérité la couronne, la remise de 500 francs sur le prix de son bail, pourvu qu'il ait rempli les conditions du programme copié ci-dessus.

4°. J'exige seulement que ceux de mes Fer-

miers qui voudront concourir au prix, ou profiter de la faveur que je crois devoir accorder
pour ce dessolement, me donnent avis à l'avance
du dessein qu'ils auront formé; de la quantité de
terrein qu'ils entendent mettre en carottes; des
déclarations qu'ils sont tenus d'en faire aux gens
de la Justice et Police des lieux; des soins qu'ils
prendront pour se clorre, conformément à ce
qui est prescrit, à cet égard, par le Code rural;
enfin, qu'ils me transmettent un détail circonstancié des cultures et des produits, et sur-tout
de l'emploi qu'ils auront fait de ces produits,
pour l'entretien de leur bétail.

S'ils ne peuvent écrire eux-mêmes, je ne saurais douter qu'ils ne trouvent dans leurs Communes, ou dans le voisinage, des Citoyens instruits,
de dignes Curés, des Notaires, etc., qui se feront
un vrai plaisir d'être leurs interprètes, et de m'instruire, de leur part, de ce que je désire savoir.

3°. Je me réserve, en outre, de statuer, l'année prochaine, sur les autres moyens d'encourager ceux des Fermiers qui se seraient, dès
cette année, livrés, avec succès, à la culture,
en pleine terre, des deux racines que ce livre
va leur recommander, quand même ils n'auraient pu obtenir le prix proposé par la Société
de l'Industrie nationale; et je seconderai sur-
tout le zèle de ceux qui voudraient cultiver ces
racines dans des plantations nouvelles, ou les
faire servir à améliorer successivement des parties du terrein de leur ferme qui pourraient re-

cevoir cette culture alternative , d'après la des-
tination qui en aurait été prévue et arrêtée d'a-
vance, et de concert entr'eux et moi.

6°. Enfin , pour la première année , ceux qui
ne sont pas à portée de se procurer de la graine
des racines dont il s'agit , pourront m'en demander , en m'instruisant d'avance de la quantité de terrein qu'ils s'obligent d'y employer :
je prendrai les moyens de leur faire tenir des
graines , recueillies au midi de leurs départemens. On verra la raison de préférer toujours les
graines du midi , dans l'excellent article de
M. Alphonse Leroy , ci-après , N°. 19, page 176
et suivantes.

Voilà , mes chers Concitoyens , ce que j'ai cru
devoir vous dire particulièrement , en vous adres-
sant ce Recueil. Faites-le lire à vos enfans , à vos
voisins , à vos amis ; qu'il vous fasse naître à
vous-même de meilleures idées que celles qu'il
contient ! Que l'émulation de la bonne culture
se répande partout en France ! Et que si je n'ai
pas le bonheur de vivre avec vous , comme je
l'ai toujours vainement désiré , je me console
au moins par l'idée que je suis cité dans vos travaux utiles , et que mon nom peut quelquefois
se mêler dans vos entretiens , comme le nom
d'un homme qui est sincèrement

L'ami des Citoyens et des Cultivateurs,

FRANÇOIS (DE NEUFCHATEAU.)

RÉSULTATS

RÉSULTATS

DES EXPÉRIENCES

SUR

LA CAROTTE ET LE PANAIS,

CULTIVÉS EN PLEIN CHAMP,

Pour démontrer que ces Racines sont les plus utiles de celles qu'on ait pu introduire dans l'exploitation des terres ; et pour diriger les Fermiers qui voudront mériter le Prix du Concours que vient d'ouvrir, à ce sujet, la Société d'Encouragement de l'Industrie nationale.

N°. I.

Expériences de M. de Chateauvieux, ancien Syndic de Genève, sur les Carottes en plein champ.

EN 1751.

Dans le siècle dernier, notre science agronomique ne remonte qu'à Duhamel ; c'est un de ses premiers disciples qui ouvre la série des expériences modernes, sur la culture des carottes semées en pleine terre. Cette culture était commune long-tems aupara-

vant , dans les deux Flandres et l'Alsace. Elle
y était favorisée par la jurisprudence locale, qui
permettait de transporter au milieu des campagnes
les productions potagères, sans craindre les ravages
de la vaine pâture, les accroissemens de l'impôt,
les exactions de la dîme, les larcins des voleurs noc-
turnes, etc. etc. L'agriculture ne fleurit que lorsque
la propriété est libre et respectée. Rien ne fait plus
d'honneur à la police d'un pays, que la sécurité avec
laquelle les laboureurs des deux Flandres et de l'Alsace, osaient semer en pleine terre des racines que
l'on était obligé de cacher ailleurs derrière les murs
des jardins.

Mais cette méthode, restreinte à deux ou trois
provinces qui la pratiquaient en silence, n'avait été
ni enseignée par la tradition des agriculteurs anciens,
ni décrite, ni soupçonnée par ceux des écrivains qui
les ont copiés à la renaissance des lettres. Les carottes et les panais n'étaient cités que comme racines
jardinières. Notre *Olivier de Serres ,* père de notre
agriculture, et après lui, *Laquintinye , De Com-
bes ,* dans l'*École du Jardin Potager ,* et *la
Maison Rustique ,* ne considéraient les carottes
que sous ce point de vue.

M. de Châteauvieux, ancien Syndic de Genève,
correspondant zélé de notre illustre Dubamel, est le
premier qui ait rendu compte au public de ses diverses tentatives pour faire des carottes et de quelques autres racines , l'objet d'une culture en grand
et au milieu de la campagne. Duhamel Dumonceau
les a enregistrées dans le second volume de son
Traité de la Culture des Terres, contenant les
expériences faites pendant les années 1750, 1751 et
1752, (à Paris, chez *Guérin* et *de Latour , 1753,*

in-12.) C'est dans ce recueil peu commun , que je vais en puiser l'idée et les détails.

J'aurai d'autres occasions de faire connaître l'objet que s'était d'abord proposé le savant Duhamel. Il n'avait voulu qu'abréger et mettre en meilleur ordre l'ouvrage anglais de *Jethro Tull* , sur la culture par rangées. Dans cette nouvelle méthode , la terre était distribuée en planches et en plate-bandes , qui alternaient d'année à autre , pour la récolte et le labour : ainsi , le même champ était continuellement et en rapport et en culture. Le système de Tull avait produit en Angleterre une grande sensation ; la traduction de son livre avait été recommandée à Duhamel par le maréchal de Noailles, par le chancelier d'Aguesseau, par M. de Buffon. Les principes de Tull , quoique rendus plus clairs par l'ordre dans lequel Duhamel les avait offerts , ces principes systématiques ont été bientôt oubliés : mais ils ont amené des résultats inattendus , dont quelques-uns sont importans.

- L'essai de Châteauvieux , sur la culture dans les champs , de plusieurs plantes potagères , est une idée heureuse , qui naquit dans le tems de son enthousiasme pour la théorie Tullienne. Ce fut en 1751 , qu'il voulut étendre aux légumes la nouvelle culture par planches espacées , avec des labours répétés , et sans aucun fumier. Tull n'avoit songé qu'aux navets. Il prétendait qu'à leur égard cette culture par rangées présentait un grand avantage. Châteauvieux cultiva de même des choux , des betteraves, des scorsonères , et enfin principalement des carottes.

Les choux , les betteraves eurent un succès étonnant. Des choux pesèrent 18 liv. (près de 2 kilog.)

Les betteraves furent semées le 4 mai, arrachées le 25 octobre. La distance entre les rangées était de 15 pouces : elles avaient à la récolte 5 pouces de circonférence au-dessus du collet.

La réussite des carottes fut encore plus remarquable. Le 4 mai (14 floréal), deux planches de 40 pieds (13 mètres) de longueur, sur 6 pieds (près de 2 mètres) de largeur, avaient été semées en graine de carotte sur une seule ligne. Les planches étaient bien bombées ; la terre sans fumier, mais parfaitement meuble et médiocrement humide. Il y avait 6 pieds (près de 2 mètres) de distance entre les rangées. Les plantes furent éclaircies de manière à être espacées de 7 à 8 pouces chacune : elles n'eurent d'arrosement que les eaux de la pluie. Elles reçurent trois labours, ou plutôt trois binages, avec un instrument qu'on nomme à Genève *un fossoir*. Ces labours eurent lieu les 15 juin (26 prairial), 27 juillet (8 thermidor) et 6 septembre (19 fructidor). Les carottes ainsi traitées, étendirent beaucoup leurs fanes. Leur feuillage se rejoignait d'une rangée à l'autre.

On procéda, le 8 novembre (16 brumaire), à l'arrachement des carottes. Le jardinier fut bien surpris. Il aurait parié tout ce qu'il possédait que ces racines cultivées, ou pour mieux dire, à son avis, abandonnées en pleine terre, n'y réussiraient pas. Cependant les carottes avaient l'une dans l'autre 20 pouces de longueur, et 3 pouces (à-peu-près le dixième d'un mètre) de diamètre. Elles pesaient enfin de 25 jusqu'à 33 onces (jusqu'à 2 kilogramm.)

Ces légumes avaient, en outre, plus de grosseur et de saveur que ceux du potager, et ils croissaient en moins de tems.

M. Arthur Young, célèbre agriculteur Anglais, qui cite avec soin les Français, et qui leur rend sou-vent justice, s'est efforcé d'atténuer les éloges don-nés à cet essai de Châteauvieux. Et voici comme il l'analise : « Les deux planches dont il s'agit, » étaient, dit-il, de 480 pieds carrés. Les plantes » y étant espacées de 8 pouces, il y a eu 120 ca-» rottes. Leur poids de 25 à 33 onces, donne un » poids moyen de 29 onces. Ainsi, 120 pesaient » 211 livres un quart. Un acre contient 90 plan-» ches, telles que celle de cette expérience : son » produit serait donc de 8 ou 9 quintaux. Aujour-» d'hui, ajoute M. Young, nous ne trouverions pas » que ce fût là une bonne récolte ».

Ensuite il énonce ses doutes sur le poids des ca-rottes élevé jusqu'à 29 onces, et il en conclut que le sol semé par Châteauvieux, devait être un sol très-fertile. Les cultivateurs de carottes doivent dé-sespérer, suivant M. Young, d'en obtenir d'aussi pesantes ; mais aussi serait-ce une erreur de tout sacrifier pour n'avoir qu'un très-petit nombre de ces racines monstrueuses. Ce n'est pas leur gros-seur, comme on le verra par la suite, c'est plutôt leur longueur qui est à rechercher. En tout genre, l'agriculteur se propose plutôt des productions abon-dantes, que des prodiges si coûteux, et qui ne sont que des objets de simple curiosité.

M. de Châteauvieux avait cherché sur-tout la gros-seur des carottes semées suivant la nouvelle culture, d'après le calcul qu'on faisait du poids des navets ou turneps, cultivés de cette manière en planches espa-cées. Je rapporterai ce calcul dans les termes de Duhamel. « Une surface carrée qui aurait 36 toi-» ses (soixante-dix mètres) de côtés égaux, contien

» drait un arpent (à-peu-près un demi-hectare)
» ou 1296 toises carrées. On y formerait 54 plan-
» ches de 4 pieds de largeur et de 216 pieds de lon-
» gueur. Elles seront suffisantes chacune pour éle-
» ver 216 navets, mis à un pied de distance les uns
» des autres. Ces 216 multipliés par 54, nombre
» des planches, donneront 11,664 navets dans ce
» seul arpent. N'estimons le poids de ces navets,
» l'un dans l'autre, que de 6 livres, leur total fera
» néanmoins un produit de 69,984 pesant, récolte
» considérable, avec laquelle on pourra nourrir et
» engraisser une assez grande quantité de bœufs et
» de vaches. Dans une année favorable, la récolte
» produira au-delà du double de ce calcul ». (*Traité
de la Culture des Terres*, tome V, page 547.)

On voit dans le même volume, que le succès de
Châteauvieux avait fait quelques prosélytes à la
culture des carottes. Plusieurs de ces racines cultivées en Bugey, suivant la nouvelle méthode,
avaient, au 5 juillet 1755, un pied de circonférence. (*Ibidem*, page 538.)

Cette culture donna lieu d'examiner aussi de plus
près qu'on ne l'avait fait, la nature et les carac-
tères de la racine des carottes. On reconnut que
cette plante, qui ne paraît avoir qu'une grosse racine en forme de navet, garnie de quelques filamens, jette néanmoins ses racines à une distance
assez forte ; mais elles sont si déliées, qu'on a peine
à les distinguer de la terre qui les recouvre. (*Traité
de la Culture des Terres*, tome premier, page 4.)

On aurait pu aussi se convaincre d'un fait beaucoup plus important, et qui avait déjà été avancé
par l'auteur des *Agrémens de la Campagne*. C'est
que loin d'épuiser les terres, la production des

carottes paraît les améliorer, et que l'on peut, sans crainte, les cultiver plusieurs années dans le même terrein. Cette vérité sera mieux démontrée dans la suite de ce petit Recueil. Comme c'est le motif qui doit le plus encourager à la culture en grand de ces précieuses racines, on a cru devoir s'attacher à constater le fait, dont il sera facile de pénétrer la cause.

N°. 2.

Manière de cultiver les Panais en plein champ, publiée par la Société d'Agriculture, de Commerce et des Arts, établie en Bretagne.

EN 1758.

Cette Société, établie à Rennes par les États de la ci-devant province de Bretagne, le 28 janvier 1757, jeta ses premiers regards sur les prairies artificielles et sur la nourriture des bestiaux, comme étant les agens fondamentaux du labourage. Elle avait recommandé la culture des navets ou turneps. A cette occasion, elle reçut des renseignemens curieux sur l'usage que l'on faisait, dans le pays même, des panais semés en plein champ, et elle en rendit compte dans le premier volume de son Recueil, intitulé : *Corps d'Observations de la Société d'Agriculture, de Commerce et des Arts, établie par les États de Bretagne, années 1757 et 1758.* (A Rennes, chez *Vatar, in-12.* 1760). Cet article, trop peu connu, mérite d'être reproduit. Il fait honneur, comme le reste de ce recueil intéressant, à la rédaction précise et aux lumières étendues de son auteur M. Abeille. Voici ce qu'il dit des panais.

« Une pratique qu'on suit dans quelques cantons de la province, mais qui n'est pas assez répandue, a fixé l'attention de la Société, par les mêmes raisons qui ont porté les Etats à désirer que la culture des turneps fût accréditée. C'est l'usage de cultiver des panais en plein champ. Les détails en ont été exposés dans un Mémoire tiré de plusieurs Lettres de M. le Brigant, recteur de Plouezoch, qui paraît très-instruit sur cette matière.

Les panais doivent être semés dans une terre qui ait été fumée l'année précédente. Ils réussissent surtout après une récolte d'orge. La terre doit être bien retournée, bien ameublie. A mesure que la charrue travaille, des hommes armés de bêches ou de pelles, tirent la terre du fond de la raie, et là rejettent sur celle qu'a remué la charrue. On forme des planches larges de 10 à 12 pieds. On creuse entre chaque planche un petit fossé, dont on jette la terre sur les deux planches voisines. On se sert ensuite d'un rateau pour briser les mottes qui peuvent rester, et bien applanir le terrain. Il faut cependant que la surface de chaque planche ait de chaque côté une pente légère vers les fossés.

La graine doit être semée au plutôt à la fin de février, et au plus tard au mois de mars. On l'enfonce en passant fortement le rateau sur tout le terrain. Il est d'usage de semer en même-tems des fèves de marais, et de planter des choux tout autour de chaque planche. Il est essentiel de semer les panais fort clair. S'il se trouve des endroits où ils lèvent abondamment, on en arrache une partie. Il faut sarcler avec attention dès que les mauvaises herbes paraissent, et cette opération doit être répétée plusieurs fois.

On peut lever les panais dès la fin d'octobre; mais il est avantageux d'attendre la fin de novembre. On les lève avec une pelle ou une tranche. Après les avoir tirés de terre, on les tient serrés l'un contre l'autre, dans un endroit sec, afin de les conserver long-tems.

Ils servent à nourrir et même à engraisser le bétail de toute espèce. Les chevaux, les bœufs, les vaches, les cochons, s'accommodent également de ces racines. On les leur donne d'abord crues, coupées par tranches, ou refendues sur leur longueur, en deux ou en quatre. Lorsqu'on s'aperçoit que les animaux s'en dégoûtent, on met les panais dans un grand vase, après les avoir coupés par morceaux. On les presse le plus qu'il est possible. On met de l'eau dans le vase pour remplir les intervalles que les morceaux laissent entre eux, et on les fait cuire. Dans cet état les bestiaux en mangent avec la plus grande avidité, et ne s'en dégoûtent plus.

Les cochons n'ont point d'autre nourriture pendant tout l'hiver; et quand les fourrages manquent, les vaches ne mangent que des panais. Elles donnent alors plus de lait et de meilleur beurre. A l'égard des chevaux, on prétend que cette nourriture les rend mous, et qu'ils dépérissent dès qu'on leur en donne une autre. On prétend aussi qu'elle leur ruine la vue et les jambes.

Le résultat de cette pratique, est qu'un champ semé en panais donne un bénéfice triple de celui qu'on retirerait du même champ semé en froment. Cependant le froment donne, année commune, neuf pour un, dans le canton d'où l'on a reçu ces instructions. Il faut ajouter que le terrain produit de plus, dans la même année, une récolte de choux et un récolte de fèves, et que la terre se trouve bien préparée pour recevoir, l'année suivante, du froment et même du lin.

Des bénéfices si considérables eussent porté la Société à publier sur-le-champ le détail des procédés de cette culture, si elle n'eût été retenue par une observation de M. le Brigant sur la qualité de la terre de sa paroisse. Il dit que, « l'argile y » est rare, que la terre n'est ni tenace ni vis- » queuse, mais qu'elle est pierreuse et courte ; que » plus on s'éloigne de la mer, moins la terre est » propre aux panais ». On a cru devoir commencer par vérifier si les terres argileuses, ou un peu mê- lées d'argile, leur sont contraires. Cette expérience n'a pu être faite cette année.

Il serait très-intéressant que cette racine pût réus- sir partout, parce qu'elle fournit au bétail de toute espèce une nourriture très-saine et très-abondante pendant l'hiver. En l'unissant aux prairies artifi- cielles, qui donnent des fourrages verts dès la fin d'avril, et au plus tard au commencement de mai, un bétail nombreux pourrait être entretenu pendant toutes les saisons de l'année. On ne connaît que trop l'étendue des pertes que fait la province, lorsque l'aridité du printems arrête les productions des prai- ries naturelles. Les fermiers sont forcés de vendre à vil prix des bestiaux qu'ils sont hors d'état de nour- rir. Par-là ils portent un coup irréparable à leurs récoltes, puisqu'ils perdent toutes ressources du côté des engrais. On ne peut donc trop s'attacher et aux prairies artificielles, et aux cultures propres à entretenir le bétail pendant l'hiver. Le bétail est par lui-même, une grande richesse; d'un autre côté il est d'étroite nécessité pour assurer d'abondantes moissons. Fortifier cette branche, c'est assurer les succès les plus prompts et les plus constans à toutes les parties de l'agriculture.

N°. 3.

De la culture des Carottes et des Panais, et de la grande utilité des Carottes pour la nourriture des bestiaux.

Extrait du Journal Economique, *du mois d'octobre* 1760.

LA consommation habituelle qu'on fait dans les cuisines des carottes et des panais, et sur-tout des premières, est si grande, qu'elle mérite bien qu'on instruise le public de la meilleure méthode de cultiver ces racines. Plusieurs jardiniers ont prétendu en enseigner de nouvelles; mais aucun n'a saisi le vrai moyen de procurer aux carottes une belle forme et un goût excellent, qui sont les qualités essentielles pour rendre estimable ce légume. J'ai déjà dit ailleurs que l'on mange à Paris et dans la plupart des grandes villes du royaume, des légumes qui, le plus souvent, n'ont aucun goût ni saveur agréable : j'ai fait remarquer que ce défaut venait communément de ce que les terreins que l'on consacre à cette culture dans le voisinage des grandes villes, sont des terres épuisées depuis long-tems par les plantes qu'on y sème annuellement, que ce n'est qu'à force de fumier et des arrosemens artificiels faits avec de

mauvaise eau de puits, qu'on les fait rapporter. Or,
on peut se rappeler que j'ai observé dans quelques-
uns de nos Journaux, que les fumiers ne sont pas ce
qui donne de bonnes qualités aux fruits ni aux légumes. Nous en avons un exemple très-sensible dans
le vin qu'on a récolté dans les vignes où on a pro-
digué les fumiers. Quel goût désagréable n'a-t-il pas
en comparaison de celui qu'il auroit eu, si on n'en
eût point trop mis, et même si on n'en eût point du
tout répandu dans la vigne ? On peut s'assurer qu'il
en est précisément de même à l'égard de tous les
fruits et des légumes en général. Le fumier procure
l'abondance, il est vrai ; c'est un fait dont on ne
saurait douter : mais on ne prouvera jamais qu'il
puisse rien ajouter à la bonne qualité des plantes :
or, on doit savoir que les jardiniers, de même que
la plupart des vignerons, cherchent l'abondance pré-
férablement à la qualité ; les uns et les autres ne
visent qu'à l'argent, et s'imaginent qu'une plus
grande quantité de fruits doit naturellement donner
un revenu plus considérable. Mais souvent ils se
trompent, sur-tout les vignerons; comme on n'a-
chète leurs vins qu'après les avoir goûtés, ils sont
obligés, vu son peu de qualité, de le vendre à plus
bas prix, et perdent quelquefois plus de ce côté-là,
qu'ils n'ont gagné du côté de l'abondance. Les jardiniers, à la vérité, sont dans un cas un peu différent ;
ils savent très-bien qu'on ne peut pas discerner dans
un marché les légumes qui seront d'un mauvais goût
d'avec d'autres qui ont une qualité parfaite, et que
ce n'est qu'à l'usé qu'on peut s'en apercevoir ; à
moins que ce ne soient des légumes qui viennent de
certains pays un peu éloignés, et renommés pour
certaines espèces, comme les artichauts de Laon,

les navets d'Estrechy, les haricots de Soissons, etc.
et une infinité d'autres denrées semblables, que l'on
distingue à Paris par une forme qui leur est particulière, et qui provient, ou de la qualité du terrein
dans lequel on les a fait venir, ou de la méthode
particulière que l'on a employée dans leur culture.
En effet, la qualité du terroir, et la méthode de culture, faisant presque tout l'objet de ce secret, il faut
que j'indique à nos lecteurs les différences que j'ai
eu occasion d'en faire moi-même dans diverses provinces du royaume où j'ai résidé. J'ai toujours observé qu'il y a très-peu de pays dans les différens
climats de la France, qui n'offrent des qualités de
terres propres à chaque espèce des légumes que l'on
cultive avec succès chez nous. C'est aux personnes
curieuses, intelligentes et d'un goût délicat, que je
propose mes observations sur ces deux sortes de légumes, dont je vais détailler la véritable culture.

Toute terre marécageuse, argileuse, ainsi que la
terre noire et forte en général, n'est point propre
à la production de ces racines. Un terrein pierreux,
mêlé d'argile, dont le fond ne sera pas bien profond, ne produira non plus que des racines menues,
remplies de petits filets et de tarres, qui rendent ces
légumes défectueux. Il faut, autant qu'il est possible, choisir une terre, dont le grain soit léger, un
peu sablonneuse, point trop froide, et qui ait pour
le moins sept ou huit pieds (deux à trois mètres)
de profondeur, si on veut avoir des racines d'une
belle forme et d'une bonne grosseur.

Lorsqu'on aura quelque terrein de cette nature,
qu'on aura défriché après l'avoir cultivé long-tems
en prés, on pourra la seconde année, lorsque le
gazon sera entièrement consommé, y faire venir des

carottes et des panais : on aura lieu d'être satisfait, tant de leur belle forme, que de leur goût ; car alors il est certain qu'ils se trouveront excellens, de quelque manière qu'on veuille les manger. J'en ai souvent fait l'expérience moi-même ; il n'est pas douteux qu'un terrein tout neuf dans lequel on n'a pas eu besoin de répandre du fumier, doit produire des denrées délicieuses, pour le peu que la culture réponde à la nature des plantes qu'on y fait semer. La raison en est apparente pour toute personne capable d'un peu de réflexion. Les parties végétales que l'air et les eaux de pluie ont déposées dans cette terre, dont les molécules de leur nature se trouvent disposées à les recevoir, sont préférables de beaucoup à celles qui se rencontrent dans les fumiers, quels qu'ils puissent être ; car, à le bien prendre, le fumier n'est autre chose qu'un marc ou le résidu grossier des végétaux, dont les particules balsamiques les plus subtiles se sont volatilisées, et même évaporées lors de leur agitation, dans le tems de la putréfaction causée par la fermentation. Ce raisonnement, que l'expérience justifie tous les jours, doit nous convaincre, une fois pour toutes, du peu de secours que l'on retire des fumiers, lorsqu'on est bien curieux d'obtenir des plantes d'une qualité supérieure. Les arrosemens que l'on fait avec de l'eau de puits, qui est froide, très-limpide, et dénuée de ses qualités végétatives qu'elle a perdues en filtrant à travers les terres, ne sont point du tout propres à donner un bon goût aux plantes. Il est vrai que ces eaux ainsi que les fumiers peuvent contribuer à accélérer leur accroissement, mais point du tout à leur perfection, parce qu'elles ne sont pas douées elles-mêmes des qualités végétales, dont les eaux des pluies sont chargées, ainsi que les eaux de mares, celles des rivières, et quelquefois celles de certaines sources.

Après avoir choisi une telle terre, ou à-peu-près semblable à celle que l'on vient de recommander, il faudra bien défoncer ce terrein de la profondeur d'environ quinze pouces pour le moins : si même on pouvait le labourer à dix-huit ou vingt pouces d'épaisseur, il n'en seroit que meilleur pour la récolte future. Cette opération doit se faire vers la fin de l'automne, afin que cette terre un peu ouverte puisse plus facilement recevoir les influences de l'air et surtout de pluies. Si on s'aperçoit que cette terre ne soit pas pourvue d'une assez grande abondance de sucs végétatifs par elle-même, comme pourrait en avoir un terrein qui n'aurait produit précédemment que de l'herbe, il faudra d'abord, avant que de la défoncer, répandre sur sa surface du fumier de cheval ou d'âne, si on en peut avoir, qui soit bien consommé ; ou bien, au défaut de ceux-ci, on se servira de celui de vache. Les autres fumiers sont moins propres à communiquer de la quantité et un bon goût aux légumes ; ainsi on évitera d'en faire usage autant qu'on pourra, c'est-à-dire, qu'on ne s'en servira qu'au défaut de tous les autres. Cette méthode de fumer les terres avant l'arrivée de l'hiver, et de mélanger le fumier avec la terre par le moyen du labour, est préférable à celle qu'on suit habituellement, sur-tout dans le cas où on donne un labour profond ; en s'y prenant ainsi, la terre est plus ouverte, et en état de recevoir dans son sein toutes les eaux de pluie qui tomberont sur sa surface pendant le cours de l'hiver. Il n'en serait pas tout-à-fait de même si on n'avait donné à la terre qu'une façon de labour superficielle : car alors les eaux de pluie coulant dessus, et même au travers de cette terre, dont les pores seraient bien moins ouverts, entraîneraient avec elles les sels nutritifs du fumier, ainsi que le limon le plus fin de la terre, et par conséquent causerait un préjudice considérable à ce champ, qui perdrait par-là une bonne partie de son amélioration. C'est pour cette raison, que je ne cesserai de recommander toujours aux cultivateurs un labour préparatoire bien profond avant l'hiver. On ne risque jamais rien de disposer ainsi la terre à recevoir la fécondité des pluies, des neiges et des gelées : c'est la meilleure de toutes les méthodes pour les plantes, de quelque nature que soient celles qu'on y veut cultiver l'année suivante.

Dès que les gelées et les pluies ont cessé, et que les terres ont eu le tems de se ressuyer, on leur doit donner un second labour de la même profondeur que le premier, et briser bien exactement toutes les mottes qui peuvent s'y rencontrer.

Pour la culture des carottes, et des panais qui demandent les mêmes préparations, il faut que la terre soit disposée en planches bien larges et presque plates, lorsque le terrein exige d'être tenu un peu fraîchement : mais s'il était d'une nature plutôt froide que chaude, je conseillerois pour lors de tenir les planches en carrés un peu plus relevés, afin de donner à la terre une pente suffisante pour opérer l'écoulement des eaux dans les tems où les pluies deviennent trop abondantes.

Vers le 15 ou le 20 de mars on choisira un beau tems un peu sec, si faire se peut, pour semer la graine des carottes et panais dans la terre préparée comme je viens de le prescrire ; mais avant que de répandre la semence, on donnera encore à la terre un labour léger et superficiel, et après l'avoir bien égalisée et disposée en planches, on éparpillera la graine dessus, en observant de la mettre un peu épaisse, à-peu-près comme si c'était du bled qu'on eût semé. En général, il est toujours plus prudent de ne pas épargner la graine, et d'en mettre plutôt trop que pas assez ; pour l'ordinaire tout ne lève pas, et il en périt souvent une bonne partie, principalement en la semant sur la terre comme je viens de le dire, et ne la recouvrant qu'avec un rateau. Si on veut que les carottes et les panais réussissent bien, il ne faut pas les enfouir trop avant dans la terre. Quand ces racines sont une fois levées, et qu'elles commencent à avoir trois ou quatre feuilles, on doit en retrancher ce qu'il y en a de trop, en même tems qu'on arrachera les mauvaises herbes qui pourraient leur nuire. Cette opération s'appelle *éclaircir les plantes*. Ces légumes ne veulent point être labourés pendant tout le tems qu'ils sont en terre ; et on observe que les petits labours que certains jardiniers leur donnent, leur font plus de tort que de bien, en ce que cela leur fait pousser un grand nombre de petites racines ou fibres superficielles par les côtés, qui rendent la racine principale défectueuse.

Lorsqu'on a eu soin de donner les premiers labours fort profonds, comme je l'ai prescrit, il n'est point nécessaire d'arroser du tout les plantes, si ce n'est dans le cas ou la sécheresse serait telle, que la terre vînt à se gercer bien avant ; en ce cas, il sera bon d'arroser les carottes ; mais il faudra le faire abondamment, et de manière que les eaux puissent pénétrer jusqu'au fond du labour. Un seul ou tout au plus deux arrosemens semblables, suffiront pour

tout le tems des sécheresses dans les terres qui seront arides et peu profondes. Remarquez que les
carottes pour être bien belles, ne doivent avoir poussé
qu'une seule racine : si le terrein se trouve favorable pour ce légume, et qu'il ait été labouré à la profondeur de dix-huit à vingt pouces, ces racines s'é-
tendront dans ce labour et perceront en fond, suivant la direction qui leur est naturelle. J'en ai vu
qui avaient plus de vingt pouces de longueur, et qui
étaient grosses à proportion. Quand cela est ainsi,
cette plante trouve suffisamment d'humidité dans la
terre ; et la sécheresse, qui est si préjudiciable aux
autres plantes potagères, oblige celle-ci à se fortifier
dans sa principale racine pivotante. C'est ce qui fait
qu'elle n'en pousse ordinairement qu'une, quand la
terre a été bien défoncée d'abord. Il est donc démontré, qu'on ne doit jamais arroser les carottes
superficiellement, et qu'il n'y a que dans le cas
d'une grande sécheresse qu'on peut les arroser ; mais
alors il faut le faire abondamment et jusqu'à fond
du labour, si on a des eaux qui soient propres pour
cela ; telles que nous les avons proposées dans nos
arrosemens généraux pour les prairies.

Quelques-uns s'imaginent faire des merveilles en
replantant les carottes, comme on replante les laitues :
c'est la plus mauvaise méthode du monde : on en va
sentir les raisons. Les carottes qu'on replante sont
sujettes à pousser trop de racines latérales qui les
rendent défectueuses, c'est un fait sur la vérité duquel j'en appelle à l'expérience ; d'ailleurs il n'est
pas possible que cet inconvénient n'arrive pas ; car
comme on ne les lève de terre pour les transplanter
que quand elles sont toutes petites, et qu'alors elles
sont fort tendres, il est presque inévitable de casser

la racine pivotante qui ne repousse plus ; il faut bien alors que les racines latérales suppléent au défaut : or, ces racines ayant une direction horizontale, et ne pouvant pas aller chercher les sucs de la terre aussi avant qu'aurait fait la racine pivotante, il arrive que ces racines poussent chacune de leur côté, se multiplient, et qu'enfin la carotte est manquée et n'est bonne à rien.

On choisit ordinairement les plus belles carottes pour les laisser pousser en graine : on les replante au mois de mars après les gelées dans quelque recoin du jardin, où elles montent. Pour cela il n'est pas nécessaire de prendre le meilleur terrein, le médiocre suffit pour avoir de bonne graine : car dans un terrein trop gras et forcé d'amendement, la carotte est sujette à pousser une trop grande quantité de tiges, et ne produit que peu de bonne graine, qui se broue et mûrit mal.

Presque tout ce que l'on vient de dire des carottes, est applicable aux panais, dont la culture est à-peu-près la même.

Pour conserver les carottes et les panais pendant l'hiver, jusqu'à ce qu'il y en ait de nouvelles, c'est-à-dire, jusqu'au mois de mai, voici comment il faut procéder. On cueille les carottes avant les grandes gelées par un tems qui soit bien sec. On pratique dans le champ même des fosses de sept ou huit pieds de profondeur ; on jette un peu de paille dans le fond du trou, et on arrange les carottes par couches et à côté les unes des autres, en les entremêlant d'un peu de paille, et ainsi de suite jusqu'à la hauteur de trois ou quatre pieds. Cela fait, on recomble le trou avec la terre qu'on en a ôté, en observant qu'il y en ait toujours trois ou quatre pieds d'épaisseur

par-dessus les carottes, et on la pile bien. On sent
aisément que cette précaution de piler la terre et d'en
laisser quatre pieds d'épaisseur, est prise afin que
les gelées ne puissent pas pénétrer à travers, et atteindre jusqu'aux carottes. Par ce moyen, on pourra
en conserver toute l'année, qui seront excellentes,
et qui ne seront pas cordées ; car ne pouvant pas se
ressentir de la température de l'air dans ce trou,
elles ne peuvent pas y végéter, comme il arrive assez
ordinairement à celles que l'on tient enfermées dans
des endroits renfermés, où l'air peut encore circuler ; par exemple, celles que l'on conserve enterrées
dans du sable au fond d'une cave, ne sont pas assez
à l'abri de l'action de l'air, parce que le sable n'a
pas assez de consistance pour empêcher l'air d'y pénétrer à travers des interstices qu'il laisse ; ainsi elles
s'y fanent ; au lieu que dans une fosse profonde
pratiquée au milieu d'un champ et bien recouverte
de terre, elles jouissent d'une humidité qui entretient leur fraîcheur, et l'air ne peut pas s'y communiquer aussi aisément qu'à travers le sable. Les
terres un peu argileuses sont très-propres pour conserver ainsi les carottes pendant tout le tems que
j'ai dit. Or, c'est une chose essentielle dans l'économie, que de pouvoir se procurer de ce légume dans
tous les tems, et sur-tout dans le carême, et le commencement du printems, où les légumes en général
sont très-rares, et où les fruits commencent à se
passer. Les volailles, ni le poisson ne sont jamais
alors à bon compte ni abondans. Ce légume conservé
dans toute sa bonté est d'une grande ressource les
jours maigres, et même les jours gras pour l'assaisonnement des ragoûts.

Il est inutile de faire un grand effort de raisonnement, pour démontrer combien ces racines sont saines et propres à la nourriture des hommes ; il n'y a personne qui n'en soit convaincu Il n'en est pas de même de l'usage qu'on pourrait en faire pour les bestiaux, si on en cultivait une plus grande quantité qu'on n'a coutume de faire ordinairement.

Entre tous les animaux, on peut remarquer que les cochons sont extrêmement friands de ces racines. On voit qu'ils fouillent·la terre bien avant, pour arracher les carottes sauvages qu'ils trouvent dans les champs, et qu'ils les dévorent avec avidité. En effet ces carottes, quoique plus petites que celles qu'on cultive, ont le goût bien plus sucré et plus fort que celles qu'on fait venir dans les jardins. La culture a en quelque façon changé la nature de ces dernières, et en leur faisant acquérir une forme plus volumineuse, elle en a affoibli la qualité : mais on y est fait, et le défaut de qualité est compensé par la grosseur. Je dis donc que si on donnait aux cochons des carottes, que l'on en mêlât parmi les choux et les autres herbages qu'on fait cuire pour les leur donner à manger dans leurs auges, avec un peu de son, ces racines ainsi mêlées, assaisonneraient le reste, qui est fade et insipide ; et ces animaux en mangeraient leur nourriture avec encore plus de goût qu'ils ne font.

Les vaches et les bœufs ne sont pas moins friands de ces racines que les cochons.

Les moutons s'en font un régal quand ils en trouvent dans les campagnes. Cette plante les réchauffe pendant l'hiver, et leur fait beaucoup de bien. Si donc on prenait le parti d'en cultiver dans les champs comme on cultive des navets, on pourrait leur en donner à manger, ou du moins en mêler parmi leur autre nourriture , en les coupant par petits morceaux.

J'ai remarqué en plusieurs occasions , que les bestiaux engraissés avec des carottes comme on en engraisse avec des navets, ont la chair plus savoureuse et d'un goût beaucoup plus fin. Les chevaux qui en mangent s'en trouvent très-bien , et ont plus de vigueur que ceux à qui on ne donne que du foin. Je crois donc que de la paille toute simple , hachée avec des carottes, et donnée à toutes les sortes de bétail , leur feroit autant de bien que le meilleur foin. Les vaches qui en mangent , donnent du lait meilleur et en plus grande quantité.

J'ai vu de la volaille en manger l'hiver avec avidité : mais si on faisait bien cuire les carottes, et sur-tout les panais , qui sont plus tendres , et qu'ensuite on les écrasât, en y mêlant de la farine de blé de Turquie, de seigle, d'orge ou de blé noir, ou même du son, pour en faire une pâte délayée avec de l'eau toute chaude, qui a servi à les faire cuire , on ferait une espèce de pâtée qui engraisserait à merveille la volaille , les cochons , etc.

On voit, à ne pouvoir en douter, que l'on peut tirer de cette racine un avantage très-grand, et il est surprenant qu'on en ait jusqu'à présent négligé si fort la culture : c'est sans doute faute de la connaître parfaitement et d'en savoir tirer tout le parti possible. Cependant si on avait des terres, qui, comme je l'ai dit, pussent convenir à cette plante, elle ne serait pas plus difficile à cultiver que les navets et les grosses raves qui croissent en Périgord et ailleurs avec tant de succès.

Ce qu'il y a d'heureux pour le cultivateur entendu, est cette grande diversité de plantes qui ont chacune des qualités particulières, et affectent une sorte de terre qui leur convient. Les carottes et les navets sont dans ce cas comme les autres. Les terres qui sont favorables aux navets, ne valent presque rien pour les carottes ; ainsi, quand on ne peut pas cultiver les uns, du moins on peut y suppléer par la culture des autres , et on se trouve toujours assez bien partagé. Tout bon économe qui fera là-dessus ses observations , pourra se déterminer à cultiver beaucoup de ce légume, et y consacrer des champs tout exprès.

Je conviens que la carotte reste plus long-tems dans la terre que les navets et les grosses raves d'Auvergne ; mais aussi la qualité des carottes l'emporte ; et si la terre leur convient , je suis certain que leur produit donne autant de volume que celui des navets , en proportion du terrein. Mais il faut , comme je l'ai déjà observé , donner de forts labours et bien profonds. Ces façons jetteraient sans doute dans une grande dépense , s'il falloit les faire à la pioche ; mais si on veut se servir de la charrue que nous avons déjà décrite dans ce Journal, alors les frais de culture ne seront pas considérables. Si on vendait les carottes sur le pied qu'elles se vendent pour l'ordinaire à Paris , je suis certain qu'il n'y a point d'arpent qui ne produisît au moins dix ou douze cens livres par an. Quand on ne les vendrait que comme les navets dans le tems qu'il sont à meilleur compte, on en tirerait encore mieux de cinq à six cens livres par arpent. Je m'étonne qu'aux environs de Paris, et même de toutes les grandes villes du royaume, on ne cultive pas des champs de carottes comme on en cultive en navets , dès que le produit en est si avantageux , et l'usage à tous égards préférable aux navets. C'est une manie de nos cultivateurs, qui prouve clairement qu'ils agissent plus par routine que par raisonnement. Cependant, il y a des provinces, où on en a connu tout l'avantage ; par exemple, j'ai vu dans l'Alsace des champs de carottes aussi bien que d'autres de navets ; on y cultive aussi des pommes de terre et des choux , aussi communément que des champs de blé. Il est vrai qu'on y choisit les terreins les plus favorables pour chacune de ces cultures. Or, comme je l'ai fait remarquer ci-devant , il n'y a point de provinces ni de pays , où on ne rencontre ces différentes qualités de terre ; ainsi on a le plus grand tort de ne pas en profiter. Ce défaut, qui provient d'ignorance en fait d'agriculture , influe considérablement sur notre commerce et sur la population ; car combien de ressources ne retirerait-on pas de la terre , si on savait s'y prendre et la cultiver comme il faut, en lui donnant l'espèce de plantes qui lui convient, et qui nous serait en même-tems la plus avantageuse pour notre usage, eu égard au commerce ? Les gens qui cultivent les champs ne raisonnent pas, et n'ont pas des vues semblables dans ce qu'ils entreprennent. Sans consulter la nature et l'intérêt général du commerce, ils se bornent aux seules cultures, qu'une fantaisie peu réfléchie leur suggère : aussi comment réussissent-ils, si faute d'avoir étudié l'espèce de culture qui est favorable aux uns, et ne convient pas aux autres, ils s'obstinent à planter des navets dans une terre qui n'est bonne que pour les carottes , ou des carottes , dans une terre propre aux navets ? C'est ce que nous voyons arriver tous les jours ; et c'est aussi pour cette raison, que l'on n'a que difficilement des carottes et des panais. Cependant on pourrait en avoir en aussi grande quantité que des navets , et qui auraient un meil-

leur

leur goût qu'elles ne l'ont communément, si on choisissait les terreins qui leur conviennent par préférence à ceux que l'on choisit, et en apportant de plus tous les soins que j'ai prescrits pour leur meilleure culture.

N°. 4.

RELATION sur la culture des Carottes jaunes, et leur grand usage pour nourrir et engraisser le Bétail, par ROBERT BILLING, Fermier à Weasenham, dans la province de Norfolk; publiée par ordre de la Société établie à Londres pour encourager l'Agriculture, les Arts, les Manufactures et le Commerce.

Traduite de l'*Anglais* et tirée des Mémoires et Observations recueillies par la Société Économique de Berne, *année* 1767, *seconde partie.*

L'USAGE des carottes pour nourrir le bétail pendant l'hiver, est connu et pratiqué depuis long-tems dans les parties orientales de la province de Suffolk, où pour l'ordinaire on fait le même usage des carottes que l'on fait des raves depuis tant d'années dans plusieurs endroits du comté de Norfolk; outré qu'on en envoie de là en quantité sur les marchés de Londres. Cependant je ne crois pas que jusque ici personne eût encore semé des carottes dans ce dernier comté, en vue d'en nourrir le bétail, jusqu'à ce que j'en fis un essai en 1761 sur une petite pièce de terrein : l'année suivante je répétai l'expérience.

Je pensais qu'il était de la prudence de faire ces essais, avant que de concourir pour le prix, que la

société a proposé si généreusement. L'espérance de
le mériter m'encouragea tellement, que non-seulement je m'exposai à une dépense très-considérable
et peu ordinaire, mais que je risquai même de perdre une grande partie de mes provisions d'hiver. Ce
qui au reste m'a si bien réussi que mes succès ont
servi à faire connoître dans cette partie du royaume
une espèce d'économie, dont nous n'avions jusqu'ici
aucune connaissance que par ouïr dire, étant éloignés de plus de cinquante milles de l'endroit où elle
s'était pratiquée auparavant.

Ce fut l'an 1763 que j'ensemençai de carottes
trente arpens et demi, (douze hectares et un cinquième), sans y comprendre les haies et les fossés,
suivant la déclaration légale présentée à la louable
Société.

Tout ce terrein était partagé en trois morceaux.
La première pièce de treize arpens avait porté en
1762 du froment. La seconde d'un demi-arpent seulement avait porté du trèfle ; et la troisième de dix-
sept arpens avait porté cette même année des raves.
Celle de treize arpens est une terre froide, tenace et
mauvaise, qui repose sur une espèce d'argile. Le
demi-arpent est une terre mêlée sur un fond de terre
grasse et humide. Les dix-sept arpens peuvent être
divisés en deux parties ; l'une de quatorze arpens et
l'autre de trois. L'une et l'autre forment une terre
légère et aride que j'avais tout fraîchement amendée
avec de la marne. La première est un excellent sol
bien tempéré qui porte sur un fond de marne. L'autre est un sable noir et stérile, qui porte sur un
fond de mollasse imparfaite, (ou pierre tendre),
appelée chez nous *carrstone*.

Avant que de donner une relation du succès de

ma récolte et de l'usage que je fis de mes carottes pour nourrir le bétail, je pense qu'il ne sera pas hors de propos de dire quelque chose de la manière dont je cultivai ces différentes pièces de terrein ; culture dans laquelle je suivis les meilleurs avis que j'avais pu me procurer, et je profitai des observations que ma propre expérience de l'année dernière pouvait me fournir.

Je rompis le chaume de froment et de trèfle dès le commencement de novembre. Car une chose dont je suis convaincu par toutes les observations que j'ai faites depuis que j'ai entrepris cette culture, c'est que, soit que l'on retourne la terre après la récolte du froment, ou qu'on ne la retourne pas ; qu'on sème les carottes sur un champ de trèfle ou de rey-grass, la terre ne peut jamais être labourée de tróp bonne heure, afin que le froid et la neige puissent émietter la terre et la rendre propre à recevoir une si petite graine. Plus la terre est dure et tenace, et plus il faut labourer avant l'hiver. Pour ce qui est du champ qui n'avait porté que des raves, je le laissai reposer jusque vers la fin de Janvier ou le commencement de février. Je pensais qu'il serait assez tôt de le labourer alors, la terre ayant été nettoyée entièrement de toutes les mauvaises herbes par la culture et les labours, qu'elle avait reçus avec la herse l'été précédent ; labours qui sont absolument nécessaires, quand on veut faire une bonne récolte de raves. Aussi l'évènement me fit assez connoître que je ne devais pas me repentir de ce délai.

Des treize arpens de chaume de froment, six avaient été amendés, comme si le champ devait être ensemencé de nouveau de froment, et non pas de carottes. Sur quatre et demi je ne mis aucun engrais , et deux arpens et demi furent fumés simplement comme pour porter des carottes. Le champ de trèfle fut amendé de même ; et des dix-sept arpens , où j'avais recueilli des raves en 1762 , une partie avait servi de bergerie , et toute la récolte de raves y avoit été consommée par les bre-bis. (Les traducteurs d'Young disent le contraire , tome XIII, pag. 401.)

Je trouve que quatre livres de graine suffisent pour en ensemencer un arpent ; mais comme cette graine est fort petite , légère et difficile à être sépa-rée et dispersée également sur le champ , j'étais au commencement fort embarrassé comment surmon-ter cette difficulté. On m'avait conseillé de la mêler avec du sable, mais l'effet ne répondit pas à mon attente , parce que je trouvais que le sable , à cause de son poids naturel , demeurait toujours au fond du sac. Cette raison me détermina à la fin de la semer toute pure, tout comme nous semons les raves, après l'avoir fait passer par un tamis fin , en la frottant en-tre les mains.

Il se passe ordinairement trois semaines , et quel-quefois davantage , avant que les jeunes plantes pa-roissent ; et c'est là le principal avantage , sans par-ler de la différence qu'il y a dans la dépense , que les raves ont sur les carottes. On ne sème les raves que vers le milieu de l'été, et parce qu'on peut les sarcler plus vite , le champ est plutôt délivré des mauvaises herbes, qui ne croissent pas avec autant de vitesse en été qu'au printems; tandis que les carottes restent plus long-tems sous terre avant que de paroître , et continuant ensuite encore pendant quelque tems dans un état de foiblesse, restent sept à huit semai-nes avant que de pouvoir être sarclées. Dans un si

long intervalle les mauvaises herbes ont tout le loisir
de se fortifier, sur-tout dans une saison qui malheu-
reusement ne leur est que trop favorable. C'est pour
cela que je suis dans l'idée que, quoiqu'il faille semer les carottes avant les raves, cependant il vaut
mieux les semer aussi tard qu'il est possible, sans
porter préjudice à la récolte. Celles que j'avais semées
en avril sur le champ de trèfle, furent les premières en état d'être sarclées, quoique semées les dernières. J'avais donné trois labours au champ de froment et de trèfle, tandis que je n'en avais donné que
deux au champ de raves, le premier fort léger, mais
le second aussi profond que la nature du terroir
pouvait le permettre. Après ce labourage je semai
les carottes.

On surmonterait bien des difficultés qui se rencontrent dans cette culture, en même-tems qu'on diminuerait les frais de sarcler, si l'on pouvait reculer
le tems de la semaille ; et comme tout cela pourrait
avoir lieu, si l'on trouvait un moyen de faire germer
plutôt la graine, j'ai pensé plus d'une fois s'il ne
serait pas possible d'obtenir cette fin en faisant tremper cette graine dans quelque liqueur capable de
précipiter sa végétation, et en la semant ensuite aussitôt qu'elle serait assez sèche. (C'est ce qu'on a
trouvé en France, et c'est un grand objet qui sera
décrit ci-après.)

Quoi qu'il en soit, je n'ai pas remarqué que l'ex-
tirpation des mauvaises herbes, qu'on est obligé de
sarcler, ait fait souffrir la récolte ; car quoique les
jeunes carottes se trouvent couvertes en peu de tems
d'une foule de méchantes herbes avant que d'être
sarclées, et qu'elles soient couvertes de terre après
cette opération, il ne paraît cependant pas qu'elles

en ayent reçu aucun dommage, après qu'elles ont
été nettoyées de nouveau, comme cela devient
nécessaire une quinzaine de jours après, quand on
les a coupées ou enterrées trop profondément, faute
de savoir mieux faire.

Notre sarcloir a six pouces de largeur, et pourvu
que les carottes ne soient pas sales à l'excès, il ne
coûtera guère plus de six francs par arpent pour les
faire sarcler la première fois. Mais si par hasard il
survient beaucoup de pluie, ou que la terre soit humide avant que d'avoir été ensemencée; ou qu'il se
passe un long intervalle entre le tems d'ensemencer
et celui de sarcler; ou si par toutes ces raisons prises
ensemble, la terre se trouve couverte de méchantes
herbes, ce travail coûtera bien sept francs dix sous,
et même jusque à neuf francs l'arpent. Dix ou quinze
jours après avoir sarclé mes carottes, je fais passer
la herse sur le semis, tant pour déplacer les mauvaises herbes que pour les empêcher de recroître :
accident qui arriverait vraisemblablement sans
cela, sur-tout si le tems est pluvieux. Bien loin que
la herse endommage les jeunes carottes, elle leur
fait beaucoup de bien, parce qu'elle leur procure
de la terre fraîche, en même-tems qu'elle extermine
les mauvaises herbes.

Trois semaines après les avoir hersées, au cas que
le champ ne soit pas bien net, que l'on y voye encore de mauvaises herbes, ou qu'elles ayent repoussé, je sarcle mes carottes une seconde fois ; travail
qui me coûte environ trois francs ou trois francs
quinze sous l'arpent, suivant que le champ est plus
ou moins rempli de mauvaises herbes. Si après cela
il en reste, ce qui peut aisément arriver, si pendant

le second sarclage il pleut souvent, je fais passer par-
dessus une seconde fois la herse.

Cependant j'ai remarqué plus d'une fois, que
quand le tems a été favorable, et que les sarcleurs ont
fait leur devoir, alors les carottes qui n'ont été sarclées et hersées qu'une fois, ont été aussi nettes que
celles que j'ai fait sarcler deux fois et herser à plusieurs reprises.

Je dois présentement exposer le succès que j'ai
eu en 1763 sur les différentes parties du terrein dont
je viens de parler. Les carottes qui réussirent le
mieux furent celles du champ de deux arpens et
demi, qui avait porté l'année précédente du froment,
et qui n'avait pas été assez amendé pour une seconde récolte de froment, mais simplement pour
produire des carottes, et celles qui avaient été semées sur le demi-arpent, où l'année d'auparavant
j'avais recueilli du trèfle, et qui avait été fumé pour
porter des carottes. J'ai mesuré plusieurs carottes
tirées de ces deux champs, qui avaient chacune deux
pieds de long et douze jusqu'à quatorze pouces de
circonférence à la partie supérieure ; je parle de celles
du premier champ ; et celles du second champ, depuis douze jusqu'à seize pouces ; peut-être que cette
différence dans la grosseur était autant l'effet du terrein que des récoltes précédentes.

Suivant le calcul que j'ai fait, j'ai recueilli sur les
deux arpens et demi de vingt-deux à vingt-quatre chars
par arpent, et en tout cinquante-cinq à cinquante-
six chars. Le demi-arpent, où j'avais eu auparavant
du trèfle, me produisit environ douze chars. Les six
arpens et demi fumés, comme si j'avais voulu y semer du froment et non pas des carottes, rendirent
depuis dix-huit à vingt chars par arpent, et en tout

cent et vingt-quatre chars. Enfin, les quatre arpens non fumés produisirent depuis douze jusqu'à quatorze chars par arpent, et en tout cinquante-deux chars.

Je n'avais fait qu'une chétive récolte de raves l'année précédente sur le champ de dix-sept arpens. Cependant ce même champ me produisit seize à dix-huit chars de carottes par arpent ; je parle des quatorze arpens, car les autres trois arpens ne me donnèrent qu'une pauvre récolte, ensorte que je calcule d'avoir recueilli sur les dix-sept arpens, qui avaient porté auparavant des raves, environ deux cents soixante et dix chars, ce qui joint aux premiers forme un produit de cinq cents et dix chars de carottes, égal tant par rapport à leur usage qu'à leur effet, à près de mille chars de raves, ou à trois cens chars de foin, comme l'expérience me l'a appris, dans les différens essais que j'ai faits.

Je pense que vraisemblablement je puis en avoir perdu outre cela cinq à six chars, que les pauvres m'ont dérobé, au lieu qu'ils ne m'en auraient pris que la valeur d'un seul, si le champ avait porté des raves ; mais il y a apparence que cette perte diminuerait considérablement, si la culture des carottes devenait générale dans le pays.

J'ai trouvé que la meilleure méthode de tirer les carottes de la terre était avec une fourche à quatre branches. Un homme ouvre avec cet instrument soigneusement la terre à la profondeur de six ou huit pouces, sans endommager les carottes. Un petit garçon le suit, qui ramasse les carottes et les met en tas. J'ai commencé à tirer les carottes que je voulais employer pour mon usage, environ trois semaines après la Saint-Michel ; mais comme le bétail que je me proposais d'en nourrir, n'avait point été accoutumé à une nourriture aussi forte , je pensais que le mieux serait de leur donner en même-tems des choux et des carottes, de crainte qu'il ne se dégoûtât dès le commencement de cette nourriture.

J'avais environ quarante charges de choux, qui avaient crû sur un demi-arpent de terre, et qui étaient égaux par rapport à leur usage, autant qu'il me parut, après en avoir fait l'épreuve, à environ dix-sept ou dix-huit charges de carottes. Je remarquais que toutes les espèces de bestiaux mangeaient les choux avec autant d'avidité qu'ils auraient mangé les raves, et qu'après avoir appris insensiblement à manger les carottes, ils commençoient à les préférer aux choux. Je conduisis donc d'abord les choux et les carottes, et ensuite les carottes et les raves, du champ où ils avaient cru dans un enclos, et là, sans autre préparation que d'en secouer un peu la terre, je les dispersais sur la terre, afin que le bétail pût manger le tout ensemble.

Je savais bien par l'expérience que j'avais acquise en engraissant le bétail avec des raves à l'écurie, qu'en suivant la même méthode, les carottes auraient duré un tems bien plus considérable : mais sans parler du grand embarras auquel expose cette méthode, sur-tout si le nombre des bestiaux est grand, et le hasard que courent les bêtes grasses de décheoir en chemin pour aller à Londres, accident qui n'arrive que trop souvent au bétail nourri dans les écuries, je suis convaincu que les bœufs ne deviennent jamais réellement ni si bons ni si gras, quoi que peut-être ils le paraissent davantage.

Le premier troupeau que j'ai commencé à nourrir

de cette façon, était composé de douze bœufs et de
quarante-neuf moutons, qui n'avaient pas encore
deux ans. Dix de ces bœufs avaient été élevés dans
le pays, et c'est par eux que je commençai à faire
manger les premières carottes que je tirais de mon
champ. En même-tems, je mis à la même nourriture, une vache et une génisse de trois ans. A la
Saint-Michel, vieux stile, j'achetai encore dix-sept
bœufs d'Ecosse, de sorte, qu'y compris une vache,
que j'avais auparavant dans mon écurie, tout mon
troupeau de gros bétail se montait à trente têtes, et
bientôt après j'augmentai encore ce nombre jusqu'à
la concurrence de trente-trois.

Je dois observer ici, qu'après avoir consumé ma
provision de choux, j'employai pendant quelques
jours une charge de raves par jour, ce qui avec trois
charges de carottes suffisait pour nourrir tout ce bétail. De là je pouvais conclure au juste, qu'une charge
de carottes est égale, peu s'en faut, à deux charges
de raves. Car si je n'avais eu que de cette nourriture,
il m'en aurait fallu presque sept charges, calcul
fondé sur une expérience de plusieurs années, pendant lesquelles je me suis servi des raves pour engraisser le bétail. Cependant je n'en ai jamais vu
qui ait prospéré davantage. De ces bœufs, neuf furent vendus gras à Smithfield le 17 février ; ils pesaient environ quarante stones de Norfolk, c'est-à-
dire , soixante et dix stones de Londres chacun.
(Soixante et dix stones de Londres font près de
cinq quintaux, ou 480 livres poids de marc.) Un
autre bœuf avec une vache furent tués à la campagne ; la dernière dans notre ville, et elle était fort
grasse ; le tout environ le même tems. Les bœufs
d'Ecosse furent vendus au commencement de mai à

Saint-Yves. Ceux que je vendis à Smithfield valaient
environ 116 francs 5 sous la pièce, et on me dit que
le marché n'avait pas été considérable ce jour-là.
C'est pour cette même raison, que je vendis tous
mes autres bœufs d'Ecosse, à l'exception d'un seul,
à Saint-Yves, où je tirais environ sept louis neufs
de la pièce. Les premiers m'avaient coûté environ
67 francs 10 sous la pièce, et les derniers seulement
56 francs 5 sous. J'envoyai l'autre bœuf d'Ecosse à
Londres, où je le vendis 120 francs, quoiqu'il ne
pesât guère plus de quatre cent quatre-vingt livres,
et à ce qu'on dit, ce bœuf était un des plus gras
qui eût été tué pendant l'hiver à Londres, comme
M. Brownoworth, qui l'avait acheté, m'en informa.
Les autres ne le cédaient en rien à celui-là. Les quarante-huit moutons furent vendus gras à Saint-Yves
dans le mois de mai, pour environ 11 francs 5 sous
la pièce. Ainsi, je compte que sur ces trente-trois
bœufs et quarante-huit moutons, j'ai fait un profit
d'environ 1,800 francs. Si de cette somme je dé-
compte un dixième pour les choux et les raves, que
j'ai employés pour engraisser tous ces bestiaux, ce
qui est plutôt trop que trop peu, d'autant plus que
ce bétail se dégoûtoit bientôt des raves, il restera
1,620 francs pour les carottes. (M. Young calcule
ce profit à 108 livres sterlings, qui équivalent aujourd'hui à plus de 2,000 francs.)

La grande quantité de carottes que j'avais cultivée
dans mes champs, me donna encore occasion d'essayer quel avantage on en tirerait, si on les donnait
à manger aux vaches, aux brebis, aux chevaux et
aux cochons, qu'on garde dans les écuries.

Ce fut au mois d'avril, que je trouvai à propos
d'économiser un peu le produit de carottes de neuf

ou dix arpens, et de n'en point employer, que ce qu'il en fallait absolument pour achever d'engraisser mes bœufs. Je pris cette résolution précisément dans le tems que mes raves, aussi bien que celles de mes voisins, commencèrent à se gâter. Par-là je pus suppléer à un défaut auquel nous ne sommes que trop souvent sujets au printems, et duquel aucune manière de traiter nos raves n'a jamais pu nous garantir, sur-tout quand le tems est variable, qu'un jour le tems est humide et l'autre froid. Il paraît que les seules carottes ne souffrent rien de ce changement, à cause de leur dureté. Depuis lors donc j'ai nourri de carottes tout le bétail que j'avais dans mes écuries, lequel se montait à trente-cinq vaches et à un troupeau de quatre cens vingt brebis.

Ce fut alors que je tâchai de trouver un moyen de tirer mes carottes de la terre avec moins d'embarras et plus de vitesse que je n'avais fait auparavant, ce qui me servait beaucoup, quand j'avais à employer mes ouvriers quelqu'autre part, outre que par là je préparais mieux mon champ pour la future récolte.

Je les tirais de la terre avec la charrue à petit soc. La charrue allant doucement, le soc ouvrait la terre et ne coupait qu'un petit nombre de carottes : ce n'était que celles que sa pointe touchait par hasard. Le versoir faisait sortir de la terre la plupart des carottes, et la herse que je faisais passer ensuite, les nettoyait entièrement ; et quoique les racines des plantes eussent piqué profondément dans la terre, il n'était pas nécessaire de l'ouvrir à la même profondeur : par conséquent le champ n'en recevait aucun dommage, comme il serait arrivé autrement. Il est vrai que quelques carottes, au lieu d'être arrachées, restaient ensevelies, mais comme il fallait labourer

et herser le champ ni plus ni moins une seconde fois,
ce qui arriva seulement un mois après, celles qui
étaient restées sous terre n'en furent point endommagées.

Je fis paître mes vaches, que je gardais à l'écurie,
et mon troupeau de brebis sur le champ après l'avoir
labouré, sans me mettre plus en peine de le préparer autrement, et j'eus tout-à-fait lieu de me félici-
ter du succès. Mes vaches et mes brebis se mirent
d'abord après à manger les carottes, quoique je
pense que les vaches y montrèrent encore plus d'appétit. Elles donnaient toutes, non-seulement beaucoup plus de lait qu'elles n'ont coutume de donner
dans cette saison; mais plusieurs d'entre celles qui con-
tinuèrent à en donner, l'auraient entièrement perdu,
si elles n'avaient eu autre chose à manger que de
ces raves que nous avons vers ce tems-là. De plus,
le beurre qu'on en tirait, était de meilleur goût, que
si elles n'avaient mangé que des raves. Les brebis
et les agneaux se portaient aussi beaucoup mieux
que je ne les avais jamais vus dans cette saison. Enfin
le champ se trouva beaucoup et manifestement amé-
lioré par le fumier, que tout ce bétail y avait laissé
tomber : de sorte qu'à la récolte suivante je m'ap-
perçus aisément de l'avantage que cette économie
lui avoit procuré. Je dois encore observer, qu'en
suivant cette méthode, un petit nombre de carottes
restèrent ensevelies sous terre, même après le second
labour, mais le peu qu'il en resta, fut arraché au
troisième labour, quand on sema l'orge, et fut mangé
jusqu'à la dernière par les moutons, sans que cela
occasionnât le moindre préjudice à l'orge nouvellement semée. Les vaches et les brebis trouvèrent encore de quoi se nourrir pendant trois semaines,

profit qui se monte pour le moins à 100 francs : et si je pense au dommage que j'aurais souffert, si j'eusse manqué de raves, et que je n'eusse pas été en état d'y suppléer par le moyen des carottes, je puis compter cette nourriture pour une somme bien plus considérable.

En novembre 1763 je commençai à nourrir avec des carottes seize chevaux, qui faisaient tous mes ouvrages de campagne. Je ne leur donnais ni foin ni graine, si ce n'est un seul train, qui conduisait mon froment à Brancaster, port de mer situé à quinze milles d'ici ; et à qui je donnais à tous ensemble une mesure d'avoine par jour ; les autres n'eurent autre chose à manger avec les carottes, que des pois, de la paille et des bourres, jusqu'au mois d'avril, que je semai l'orge ; pour lors je les fis tant travailler, que je crus nécessaire de leur accorder quelque peu d'avoine. Cependant je continuai de les nourrir principalement de carottes jusque vers la fin du mois de mai, que je pus les remettre au vert. Cependant, mes chevaux ne se portaient jamais mieux et ne firent jamais mieux leur ouvrage. Ils étoient même si passionnés pour les carottes, que j'ai souvent remarqué, que quand le train, dont j'ai parlé ci-dessus, était fatigué jusqu'à refuser l'avoine, il la mangeait aussitôt qu'on la mêlait avec des carottes coupées par morceaux.

Ceci me donne ocasion de faire une nouvelle remarque, c'est quand je donnais des carottes à mes chevaux, j'en coupais auparavant la tête avec la queue, et quelquefois encore une tranche à travers. Je les lavais aussi quand je voulais les donner à manger aux chevaux ; cependant je n'ai pas trouvé que cela fût absolument nécessaire, et pour ce qui est des autres bestiaux, non-seulement je ne trouve pas qu'il soit nécessaire, mais je crois qu'il n'est même pas utile de se donner tant de peines : il suffit pour ceux-ci de ramasser les carottes, de les porter, et de les disperser sur le champ où le bétail doit paître, d'autant plus que bientôt le tems et la pluie nettoyeront assez les racines.

Je donnais à ces seize chevaux deux charges de carottes par semaine, et suivant mon calcul, ces deux charges m'épargnaient pour le moins un char de foin. Je suivis cette économie pendant vingt-huit semaines, et je puis compter que par-là j'ai épargné vingt-huit chars de foin, qui évalués à 18 francs 15 sous le char, font la somme totale de 525 francs. (M. Young évalue ce bénéfice à 35 livres sterlings, ou 700 francs.)

Je puis ajouter à cela le profit que j'ai tiré des cochons, auxquels je donnais à manger les têtes et les queues de toutes les racines que mangeaient les chevaux. Outre que cette nourriture les engraissa beaucoup, elle leur était si agréable, que quoique les carottes se trouvassent souvent toutes couvertes de terre, néanmoins ils ne s'en dégoûtèrent jamais. Je nourrissais mes cochons au commencement principalement de lait, et ensuite de pois ; mais je n'ai pas compté cette partie du profit que j'ai fait, car si j'estimais les choses sur le même pied par rapport aux autres articles, elles pourraient bien se monter à 825 francs, (ou suivant M. Young, à 3,260 fr.)

De ces trente acres, ou arpens et demi, quatre furent, en 1769, semés en avoine, et tout le reste en orge. Ces quatre arpens faisoient partie du champ que j'avais labouré, pour en arracher les carottes. Le reste de la pièce fut semé en orge. L'une et l'au-

tre donnant une récolte prodigieuse, et au moins de
trois charges , graine et paille , par arpent. Sur le
reste du champ la paille n'était pas si haute , cependant la graine était très-belle , et peu s'en faut aussi
riche que l'autre.

Il ne sera peut-être pas hors de propos de men-
tionner encore ici , qu'ayant les années auparavant
semé des carottes dans les deux extrémités d'un
grand enclos sans les avoir fumées, et semé des raves
au milieu , où au contraire le fumier ne fut point
épargné, que l'année d'après, quand tout l'enclos fut
semé d'orge, ce grain réussit le mieux dans l'endroit
où avaient été auparavant les carottes.

Ce qui recommande encore la culture des carottes
est que cette plante fournit une récolte plus sûre ,
tant par rapport à sa maturité que par rapport à
sa durée, que les raves. Les raves en effet son extrêmement sujettes à manquer et ensuite à pourrir
vers le printems, c'est-à-dire, dans le tems qu'on en
aurait le plus à faire. Peut-être le premier défaut
vient-il en partie de notre terrein , qui se trouve
épuisé par les raves , qu'il est accoutumé à produire
depuis si long-tems. Du moins c'est la conjecture de
plusieurs de nos fermiers , et même des plus expéri-
mentés. Mais , supposé que la chose ne soit pas
ainsi , il y a plusieurs autres raisons qui doivent
nous engager à nous déterminer tant pour l'une que
pour l'autre de ces plantes , afin que quand l'une
manque, l'autre nous fournisse une provision aussi
nécessaire pour l'hiver.

Cependant je ne dois pas passer sous silence ,
qu'au commencement, quand il s'agit d'établir une
nouvelle culture, plusieurs difficultés se rencontrent.
Les carottes exigent une dépense considérable qui

surpasse de beaucoup celle que demandent les raves : peut-être est elle encore augmentée par la maladresse des ouvriers et des valets, qui se montrent ordinairement ignorans ou malins, quand il s'agit de les employer à quelque chose de nouveau. Outre cela les carottes ont besoin d'être plus souvent sarclées que les raves, et même ce travail n'avance pas si vite qu'avec les dernières, de sorte que très-souvent on ne le finit qu'avec peine. Enfin, si par hasard il survenait un tems froid, qui durât long-tems, on aurait de la peine d'arracher les carottes : mais, d'un autre côté, les raves se pourriraient en pareil cas. Encore peut-on prévenir en quelque manière cet inconvénient, en tirant les carottes de meilleure heure, ce qui cependant aurait bien aussi ses difficultés, sur-tout quand on aura cinquante jusqu'à cent chars de carottes à tirer.

Voilà une relation fidèle et exacte de tout ce qui est essentiel, et qui m'est arrivé, tant par rapport à la culture des carottes, qu'à l'usage qu'on en peut faire pour nourrir le bétail. Je ne doute pas qu'on n'en pût dire des choses plus extraordinaires encore, sur-tout si un économe assidu et curieux voulait se donner la peine d'en cultiver seulement deux ou trois arpens ; mais outre que j'ai évité avec soin d'exagérer en aucune particularité la grande quantité de carottes que j'ai plantées, l'année dont j'ai parlé, m'a donné occasion de juger en plein et sans risque de me tromper, ce qu'on peut se promettre en gros et sur une ferme d'une certaine étendue, de l'usage des carottes, lorsqu'on s'en sert pour nourrir à l'ordinaire toute sorte de bétail. J'ai cette année-ci un champ de vingt-quatre arpens et demi, ensemencé de carottes, et qui sont toutes destinées à cet usage. Je mettrai par écrit le produit et le profit que j'en tirerai, de même que les observations que j'aurai occasion de faire, pour le communiquer à la société.

Weasenham, le 21 novembre 1764.

ROBERT BILLING, *Fermier.*

Je crois ce contenu être vrai :

JEAN FRANKLIN, *Vicaire.*

RELATION de tout ce qui regarde le terrein, la culture, la récolte, le produit et l'usage des carottes semées dans le champ de vingt-quatre arpens et demi, dont il est parlé dans le certificat signé et expédié en 1764, le 21 Novembre.

LES vingt-quatre arpens et demi dont il s'agit, sont tous situés dans un même enclos, et tout le sol en est à-peu-près de la même qualité, savoir, un sable épais et humide, sur une espèce de terre de brique, mêlée avec un peu de gravier. En 1763, ce terrein avait porté des pois. Au commencement de l'hiver suivant, j'avais labouré ce champ aussi profondément que le sol pouvait le permettre, afin que le froid et la neige puissent faire leur effet et menuiser la terre. Je réitérai cet ouvrage deux fois avant que de semer les carottes, et comme l'année précédente je n'avais point eu de meilleure récolte de carottes que de celles du champ que j'avais semé les dernières, c'est-à-dire, au milieu d'avril, je ne semai pas celles-ci qu'au commencement de mai. Cependant j'ai trouvé par la médiocrité de la récolte que ç'avait été trop tard. Il s'est passé environ sept semaines depuis le tems de la semaille jusqu'au tems que mes carottes ont été en état d'être sarclées.

Notre sarcloir a six pouces de longueur, et si la terre n'est pas entièrement couverte de mauvaises herbes, je les fais sarcler pour 6 francs l'arpent. La principale attention qu'il faut faire lorsqu'on sarcle, c'est de ne couper que les mauvaises herbes, et de laisser un nombre suffisant de carottes. Car quand même une quantité de carottes viennent à être enterrées ou couvertes par l'herbe coupée, elles pousseront néanmoins en peu de jours et sans en avoir reçu aucun dommage. Si par hasard il suivait beaucoup de pluie d'abord après que les carottes auront été sarclées, il est bon de les herser environ dix jours après avoir été sarclées, pour déplacer les mauvaises herbes et les empêcher de prendre de nouvelles racines. Environ quinze jours après y avoir fait passer la herse, il les faut sarcler une seconde fois, ce qui coûtera environ 3 francs l'arpent ; et si ensuite il devait beaucoup pleuvoir, on y passera de nouveau la herse. La herse n'arrachera pas une carotte de cent.

Au commencement de l'hiver je tirai mes carottes de la terre par le moyen d'une fourche à quatre branches. Un homme ouvrait la terre avec cette fourche à la profondeur de quatre ou cinq pouces, et un garçon le suivait qui ramassait les carottes et les mettait en tas : mais au commencement du printems je les arrachais de la terre par le moyen de la charrue avec le soc étroit ; ce qui me réussit très-bien, et c'est la méthode que je suis à présent. J'ai arraché de cette manière toute ma récolte de cette année. Le versoir lève peu à peu le sillon et arrache les carottes, à l'exception d'un petit nombre que la pointe du soc coupe. Cela fait, j'y passe la herse. Cette double opération ne m'occasionne aucuns frais, puisque je prépare la terre pour porter du froment. Et supposé que quelques carottes demeurent enterrées après le premier labour de la charrue et de la herse, on pourra les arracher et les rassembler, lorsqu'après le second labour on fera passer la herse. Une chose qui améliore aussi beaucoup la terre, c'est de laisser manger les carottes au bétail sur l'endroit même où elles ont crû. Je crois qu'un arpent, à prendre tout le champ ensemble, peut m'avoir rendu environ dix chars, l'année n'ayant pas été favorable; outre que, comme je l'ai dit, je les avais semées trop tard. J'en ai donné deux chars par semaine à dix-huit chevaux, sans autre nourriture, ni foin ni avoine, le seul train excepté, qui chariait ma récolte à quinze ou seize milles d'ici, et cela jusqu'au commencement d'avril, que nos ouvrages se faisaient tout près. Malgré cela, mes chevaux sont en aussi bon état que les hivers précédens, lorsqu'ils avaient mangé quarante chars de foin, outre deux ou trois charges d'avoine. J'ai encore entretenu avec mes carottes environ quarante vaches et trois cens brebis une quinzaine de jours, et j'espère qu'il m'en restera encore assez pour les entretenir une quinzaine de jours de plus. Mes vaches donnent du lait en abondance, et j'en fais de l'excellent beurre. Mes brebis et mes agneaux s'engraissent extraordinairement, au lieu que s'ils n'avaient eu à manger que des raves, ils seraient fort maigres. J'ai quatorze veaux sevrés que je ne nourris presque d'autre chose que de carottes, et qui prospèrent admirablement, et environ trente cochons qui en font leur principale nourriture, et cela déjà depuis plusieurs semaines.

Si je n'entre pas dans un grand détail dans cette relation sur la culture et l'économie des carottes en général, c'est parce que j'ai exposé cette matière fort au long dans le cahier que j'ai envoyé ci-devant à M. Templemann ; j'y fonde mes raisonnemens sur mes observations des années précédentes.

N. B. Les calculs de M. Billing laissent beaucoup à désirer, soit dans l'original anglais, soit dans la version des *Mémoires de Berne* ; mais il y sera suppléé dans l'article suivant,

----

N°. 5.

RÉFLEXIONS critiques sur la relation précédente, tirées de plusieurs Écrivains Anglais.

NUL n'est prophète en son pays. Ce proverbe n'est pas plus contre aucun pays, que contre aucun prophète : on va voir que M. Billing, si applaudi partout ailleurs, a trouvé des juges sévères au sein de sa patrie.

La relation précédente, que l'on croyait l'ouvrage d'un fermier de Norfolk, paraissait rédigée avec la bonne foi et la véracité qu'on s'attend à trouver dans un simple cultivateur. Aussi, ce narré agricole, d'un genre tout nouveau, eut un grand succès dans le tems. L'ouvrage avait paru à Londres, en anglais, chez Dodsley, en 1765 ; il fut presque à l'instant traduit en allemand, en français et en d'autres langues. On répéta bientôt en Suisse, en France et ailleurs, les essais de M. Billing. Tout-à-l'heure on verra ce qu'un bon pasteur de la Suisse obtint de

plus que lui. Mais, pendant que l'Europe retentis-
sait, en quelque sorte, du succès que M. Billing
avait obtenu en Norfolk, à l'imitation de nos cultivateurs Flamands, qui ne se piquaient pas d'écrire;
pendant que tout le monde exaltait leur disciple,
que l'Angleterre entière voyait en lui un créateur,
un modèle d'agriculture, un véritable Anglais; qu'on
avait la bonté de le prendre pour tel ailleurs, et qu'on
cherchait à l'imiter; que faisait cependant l'auteur
de ce mémoire, si richement payé à Londres, pour
avoir cultivé en grand trente acres de carottes ?
M. Arthur Young nous apprend qu'aussitôt que la
société de Londres eut distingué M. Billing pour
avoir cultivé un si grand terrein en carottes, M. Billing fut empressé de renoncer à sa couronne, et qu'au
lieu de carottes, il se borna, suivant l'usage du comté
de Norfolk, à semer des navets, raves, ou rabioules,
cultivés de tout tems en France, mais qu'on a essayé
depuis de nous faire adopter comme des cultures
nouvelles, inconnues et inusitées, en leur donnant
un nom anglais, celui de *turnips* ou *torneps*, car
on n'est pas d'accord sur la manière *invariable* de
prononcer les mots de cette langue merveilleuse.

Il n'y a rien de curieux, comme cette conduite du
grand restaurateur Anglais de la culture des carottes.
Il faut entendre, à ce sujet, un témoin oculaire, un
compatriote impartial, M. Arthur Young. Voici ce
qu'il en dit dans son *Voyage de six mois à l'est
de l'Angleterre*, en 1770.

«Comme j'étais alors dans le voisinage de Weasenham, où demeure M. Billing, ce fermier, qui a reçu
plusieurs prix de la société royale de Londres, pour
la culture des carottes, je me déterminai à lui demander la permission de visiter les pièces de terre

dans lesquelles il les a fait venir. Je me proposai aussi de m'informer auprès de lui-même s'il était vrai, comme je l'avais ouï dire, que depuis quelques années il eût abandonné entièrement cette culture. J'examinai le terrein, et j'en sondai la profondeur avec un bâton très-fort. C'est un loam sablonneux, un sol excellent pour des turneps. (*Loam* est, en anglais, un mot mystérieux pour nous ; oar aucun traducteur ne s'est permis de croire que nous puissions avoir, ni du *loam* en France, ni l'équivalent du *loam* dans la langue française. Cependant, je soupçonne qu'on peut rendre très-bien par limon sablonneux, ou bien par sable gras, le *loam* de M. Billing.) M. Billing a récolté des turneps, et jamais il ne s'en est vu de plus beaux. Quelques efforts que je fisse, je ne pus enfoncer le bâton à plus de six pouces de profondeur, et j'en fus très - surpris. M. Billing m'assura qu'il ne labourait pas plus avant pour les carottes que pour les récoltes ordinaires, et que cependant il avait eu plusieurs de ces racines qui avaient seize pouces de long, et quinze ou seize pouces de circonférence. (Des racines de seize pouces dans un terrein qui n'a été labouré qu'à six pouces ! Voilà sans doute un des mérites de que les Anglais ont appelé *loam*, et que les traducteurs ne sauraient jamais se flatter de rendre en notre langue ! Le français est trop clair, pour interpréter des miracles. Mais, malgré les rares vertus de ce *loam* intraduisible, M. Billing n'a pas persisté aux carottes.) Il en a abandonné la culture après la récolte dont il a rendu compte au public dans un Mémoire, ce qui paroîtra sans doute fort étrange à tout le monde ; car les avantages de cette culture ont été établis par lui d'une manière si claire et si décisive, qu'il n'y a

rien à leur comparer. Le profit des carottes se trouve
de beaucoup supérieur à celui des turneps.

Je lui demandai pour quel motif il avait discon-
tinué d'en cultiver; il me dit qu'elles n'étaient pas
profitables. Je désirai savoir pourquoi : « Par la raison, me repliqua-t-il, que la dépense est si lourde
qu'on n'y peut suffire. Des turneps viennent sans
qu'on se donne autant de mal, et les frais sont moins
considérables. » Telle fut, en général, l'opinion que
M. Billing manifesta. Je le questionnai plus en détail sur ces deux végétaux comparés ensemble, mais
il ne me répondit que par des généralités. (Les traducteurs d'Young cherchent à expliquer cette bizarrerie, par la note suivante : « Lorsque l'on court
après la gloire d'un prix, auquel on attache une
grande importance, on fait des efforts et des dépenses pour l'obtenir, qu'on ne ferait pas, si l'amour-
propre n'était point excité à l'emporter sur des concurrens. Le prix est-il obtenu ? la vanité est satis-
faite et jouit de son triomphe. Mais lorsque ce moment est passé, et que l'on calcule ce qu'il en a coûté
pour remporter la couronne, on voit qu'elle est souvent achetée trop cher ; et pour ne pas déchoir de
la réputation qu'on a acquise, on abandonne l'objet
qui l'a donnée. » Je ne dis pas que ce soit là le motif
qui a fait abandonner la culture des carottes à
M. Billing; mais on peut se livrer à cette conjecture,
tant qu'il ne répondra pas d'une manière non équivoque à cette demande : Pourquoi avez-vous abandonné la culture des carottes, dont vous avez démontré l'avantage ?

Voilà, sans doute, une circonstance assez critique
dans l'histoire des carottes. Il faut entendre tous
ceux qui ne sont pas partisans de leur culture,
s'écrier :

s'écrier : «Voyez le merveilleux succès de cette culture
»·nouvelle qu'on a si fort vantée ! le seul homme
» qui eût jamais imaginé de l'étendre sur un vaste
» espace de terrein, a fini par l'abandonner ; n'est-
» ce pas un motif suffisant pour la réprouver ?» C'est
ainsi que raisonneront dans tout le pays, aux environs, et probablement ailleurs, beaucoup de personnes. Il serait très-déplacé d'entrer dans une discussion critique sur la conduite d'un seul individu,
si les effets se bornaient à lui seul; mais la moitié
du royaume est singulièrement intéressée dans cette
discussion. J'offrirai donc à mes lecteurs quelques
observations, pour démontrer que la conduite de
M. Billing ne doit pas empêcher de se livrer plus
universellement à la culture des carottes.

M. Billing condamnait les carottes en général.
Mais, comme je l'ai dit, ce n'était que d'après des
idées très-vagues. Il raisonnait très-bien dans l'éloge
qu'il faisait des turneps. « Je donne tant de labours,
disait-il, il m'en coûte tant ; je bine à la houe pour
telle somme ; la récolte me rapporte tel bénéfice, en
même-tems qu'elle nettoie le terrein ; donc je préfère les turneps. » Ce raisonnement était décisif.
Mais quant aux carottes, c'était la médaille renversée ; il ne savait trop qu'en dire ; il n'avait point d'i-
dée de sa dépense, et par conséquent, il l'exagé-
rait. Il parlait d'une livre par acre, d'une livre dix
sous, puis enfin de 2 livres 10 sous, et même de
3 livres ; (3 livres sterlings valent près de 75 livres
de France; l'acre, comme on l'a déjà dit, équivaut
à 1,065 de nos toises anciennes) ou lorsque je lui
demandais quelle était la valeur d'une acre, il ne
pouvait m'en instruire. Quelle espèce de bêtes à laine
on devrait y mettre? Il n'était pas en état de me le

dire. Quelle sorte de bêtes à cornes on pourrait engraisser ? Il l'ignorait. Quel serait, par aperçu, le profit d'une acre ? Il ne le savait pas d'une manière bien certaine. Et après une ou deux questions assez semblables, il terminait l'entretien en me déclarant qu'il n'y connaissait rien du tout.

J'entends ici le lecteur faire une question assez naturelle : Comment imaginer tout cela d'un homme qui a publié par écrit des idées si nettes sur la culture des carottes? En réponse à cette question, je prierai la Société d'encouragement (de Londres) d'adjuger ses prix à des personnes qui ne se contentent pas d'exécuter les expériences qu'elle aura demandées, mais qui aient encore l'attention d'en rendre compte en détail au public d'après leurs propres essais. Si un homme n'a pas l'habitude d'écrire, il dictera. Mais la personne qu'il charge d'écrire le résultat de ses expériences, ne doit fournir autre chose que sa plume.

On peut remarquer que la brochure de M. Billing parle, en général, aussi fortement en faveur de la culture des carottes que les expériences elles-mêmes; et cependant son opinion est tout-à-fait contraire. A quelques-unes des questions que je lui fis, sa réponse fut qu'il y avait un ouvrage de publié sur les carottes, et au même moment, il m'entretint de faits entièrement opposés à tous ceux dont il est parlé dans son écrit.

Selon moi, voici ce qu'il y a de plus probable. On a persuadé à M. Billing, mais contre son opinion personnelle, de cultiver des carottes. Trouvant qu'elles réussissaient mieux qu'il ne s'y était attendu d'abord, il a répété ses essais pendant quelque tems. Lorsqu'il s'est agi d'en étendre la culture à des

champs entiers, comme il fallait avoir beaucoup
plus d'attention de biner à la houe que pour les turneps, et comme les frais devenaient bien plus considérables, il ne tarda pas à y renoncer. L'importance
d'une telle entreprise lui fit trouver très-agréable une
culture moins compliquée et plus facile. Ses hommes
de journée s'occupèrent, presque sans être dirigés
par lui, de semer et de faire venir des turneps ; et
d'ailleurs, il ne se souciait pas d'enlever à la culture
des autres semences, le nombre de bras suffisant
pour travailler à celle des carottes ; et c'est ainsi,
je n'en fais aucun doute, qu'il s'est vu amené insensiblement à l'abandonner tout-à-fait.

Pour ce qui est de dresser un compte général des
dépenses, et de calculer tous les désavantages de la
culture, et de former ensuite une balance qui pût en
laisser connoître le mérite réel, c'est ce qu'il n'a jamais
fait, et c'est, j'ose le dire, ce qu'il ne pourrait pas
faire. Car il n'a pas recueilli à cet effet les particularités nécessaires, et celles qu'il avait recueillies,
il les a oubliées aujourd'hui.

Examinons un moment le compte qu'il a publié
en 1763, de la récolte de trente acres et demie (12 hectares et un cinquième) et calculons, autant que ses
données nous le permettront, et la dépense et le profit.

DÉPENSES.

	l.	*s.*	*d.*
Pour donner trois labours à treize acres et demie à 2 *s.* 6 *d.* (sterling), ...	5	1	3
Deux labours à dix-sept acres.	4	5	»
Pour fumer trois acres, en supposant douze charges de fumier par acre, à 2 *s.* 6 *d.* la charge.	4	10	»
	13	16	3

C 2

	l.	s	d.
De l'autre part.	13	16	3
Semence pour trente acres et demie, à 4 *livres*			
de graine par acre.	8	2	»
Pour ensemencer, supposons 6 *d.* par acre. . .	»	15	3
Pour herser, mettons.	»	15	»
Pour un premier binage à la petite houe à 11 *s.*	16	16	6
Pour passer la herse.	»	7	»
Pour un second binage à la houe, à raison de			
4 *s.* 6 *d.*	6	17	3
Pour enlever de terre les racines, supposons			
10 *s.* par acre.	15	5	»
Rente, à raison de 14 *s.* aussi par acre. . .	21	7	3
TOTAL de la dépense.	84	9	3

Ou 2 *l.* 16 *s.* par acre (près de 150 fr. par hectare.)

Dans le compte, le produit est calculé de diverses
manières ; d'abord, par charge ; la récolte fut de
cinq cent dix charges de charrette, égales dans la
consommation, à trois cents charges de foin.

	l.	s.	d.
Trois cents charges de foin à 2 *l.* sterlings . . .	600	»	»
Dépense.	84	9	3
Profit net.	515	10	9

Ou par acre, 17 *l.* 5 *s.*

Trois cents charges de foin à 1 *l.* 15 *s.* . . .	525	»	»
Dépense.	84	9	3
Profit net.	440	10	9

Ou 14 *l.* 13 *s.* 7 *d.* par acre.

Trois cents charges de foin, à 1 *l.* 10 *s.* . . .	450	»	»
Dépense.	84	9	3
Profit net.	365	10	9

Ou par acre, 12 *l.* 3 *s.* (600 fr. par hectare.)

J'ai varié le prix pour l'usage des différens lieux où le foin se vend à des prix divers.

Le produit se calcule par le bétail entretenu.

	l.	*s.*	*d.*
Douze bêtes à cornes engraissées, quarante-neuf moutons, cinq vaches, et dix-sept jeunes bœufs écossais, ont donné un profit de. .	108	*n*	*n*
La nourriture de trente-cinq vaches laitières, et d'un troupeau de quatre cents moutons, pendant trois semaines, dans le mois d'avril.	20	(*)	*n*
Celle de seize chevaux de charrettes, depuis le commencement de novembre jusqu'à la fin de mai. (Deux charges de carottes, qu'on y a employées , ont épargné une charge de foin (**).).	35	*n*	*n*
Plus, celle de plusieurs cochons qui ont été pareillement entretenus, mais qu'on n'a pas fait entrer en compte.	*»*	*»*	*»*
Total du produit.	163	*»*	*»*
Total de la dépense.	84	9	3
Profit net.	78	10	9

Ou par acre 2 *l.* 5 *s.* 1 *d.* (120 fr. par hectare.)

Ajoutez à cela que l'orge semée après des carottes qui n'avaient point été fumées, au lieu de turneps qui l'avaient été, est venue beaucoup mieux qu'après les turneps, ce qui est la preuve d'une merveilleuse supériorité des carottes.

(*) Ce calcul est celui de l'écrit de M. Billing. Mais les vaches à 1 *s.* 6 *d.*, et les moutons à 3 *d.* par semaine, reviennent à 23 *l.* 12 *s.* 6 *d.*, et les turneps , y est-il dit , étaient consommés. Je laisse au lecteur à juger si la somme est suffisante. *F.*

(**) On n'a pas pris note de l'avoine qui se trouve aussi avoir été épargnée ; ce qui serait pourtant la bonne manière de calculer. *F.*

Il résulte du plus modéré de tous ces calculs, que le profit net des carottes excède de 15 sous sterl. par acre (36 ou 40 francs par hectare) le produit total des turneps cultivés dans ce pays. Si ce résultat n'est pas décisif en faveur des carottes, je ne sais quel est celui qu'on regarde comme tel.

Dans le compte qui précède, il se trouve 10 sous (sterlings) d'alloués pour arracher de terre les turneps, tandis qu'une grande partie a été enlevée par la charrue. J'ose assurer qu'il y a de la perte dans cette dernière méthode, et que d'ailleurs elle est sale et négligée.

Toutes ces carottes, à l'exception de celles qu'on donna aux chevaux, furent mangées sur place comme des turneps. C'est une déduction de leur produit au moins de deux tiers. Car il est reconnu universellement qu'une seule acre enlevée de terre et donnée au bétail dans les étables, ou bien dans une cour de ferme où il sera tenu chaudement, menera aussi loin que trois acres qu'on lui aura fait manger dans le champ même.

Les objections qui se trouvent dans la brochure de M. Billing, ne sont que des lieux communs, des trivialités, et supposent une mauvaise manière de pratiquer la méthode qu'on y désapprouve. Assurément, des bêtes à cornes qu'on tiendra dans une cour bien abritée, et garnie d'une bonne litière de chaume, avec des hangars ou appentis tout autour, ne seront point mal gouvernées. Il ne faut pas, d'ailleurs, que l'engrais soit perdu. Prétendre que les bœufs ne sont pas aussi bons, c'est une absurdité.

Après de tels calculs, tirés de l'écrit de M. Billing lui-même, que dirons-nous du parti qu'il a pris d'abandonner la culture des carottes, sous prétexte qu'elle ne profite point? N'est-il pas évident qu'il a renoncé de plein gré à la récolte la plus avantageuse que sa ferme ait jamais produite? Voilà l'effet qui résulte de l'inattention des cultivateurs qui négligent de dresser des mémoires exacts. Ils parlent d'expérience! mais, en pareil cas, l'expérience écrite et calculée, est la seule qui mérite ce nom. Les notions générales de M. Billing, voilà ce que des fermiers appellent expérience; elles sont diamétralement opposées à la pratique qu'il a trouvée excellente, et si fort recommandée au public. Cette bizarrerie n'est pas particulière à lui seul. Car des fermiers qui ne seront pas partisans de telle ou telle culture, n'en appelleront jamais à leur expérience pour en confirmer le profit. »

M. Arthur Young a reproduit souvent ses calculs contre M. Billing. Dans un autre volume de sa grande collection, il examine encore la proportion des carottes avec les turneps, les choux et le foin, suivant M. Billing lui-même.

1°. *Une charge de carottes en vaut deux de turneps.*

Voilà une assertion remarquable : je sais par expérience, qu'une acre de bons turneps en produit trente à quarante charges, le double de ce qu'il produit en carottes. Une acre donne donc le même profit, soit en turneps, soit en carottes. Cependant, d'après les calculs ci-dessus, il en est autrement, puisque le profit, par acre, des carottes, est depuis 2 livres 5 sous 1 denier jusqu'à 17 livres 5 sous; le plus bas de ces prix est trop haut pour des turneps. Il y a donc erreur.

2°. *Trois cents charges de foin, égales à mille charges de turneps.*

A trente-cinq charges de turneps par acre, mille charges seront le produit de vingt-huit acres et demie. Or, si ces trente-cinq charges égalent trente et demie de carottes, il y aura plus d'avantage à cultiver les turneps; ce qui est contraire à l'expérience. —Trois cents charges de foin à 35 sh. font une somme de 375 livres. Vingt-huit acres de turneps équivalant à ces trois cents charges, le produit d'une acre sera 13 livres 8 sh., tandis qu'on ne le vend pas 40 sh. Voilà ce qui prouve que M. Billing a fixé les carottes à un prix trop haut, ou que l'on se trompe beaucoup sur la valeur des turneps.

M. Billing décide qu'une charge de carottes en vaut deux de turneps : comparons les frais de culture de ces deux espèces de racines.

Frais de culture, par acre, pour les carottes.

	l.	s.	d.	st.
Trois labours.	»	7	»	
Hersage.	»	I	»	
Engrais.	I	10	»	
Semence.	»	6	»	
Semaille.	»	»	6	
Binage.	»	15	6	
Pour les arracher.	»	10	»	
Rente du sol.	»	14	»	
	4	4	»	

Pour les turneps.

	l.	s.	d.
Cinq labours.	»	12	6
Hersage.	»	»	9
	»	13	3

	l.	*s.*	*d. st.*
Ci-contre.	»	13	3
Fumier.	1	10	»
Semence et semailles.	»	1	6
Binage.	»	6	»
Rente du sol.	»	15	»
	3	4	9

D'après ce compte, les frais des turneps, comparés à ceux des carottes, sont comme trois à quatre, et leur valeur comparative, comme deux à un. Ainsi, suivant ce compte, il y a encore plus d'avantage à cultiver les carottes.

Des expériences de M. Billing nous pouvons conclure que les carottes sont excellentes pour nourrir les bœufs, les vaches, les chevaux, les bêtes à laine, les cochons; et qu'à cet égard, elles sont supérieures aux turneps : elles sont particulièrement propres à nourrir et maintenir en bon état les chevaux.

Il est très-important de faire consommer aux chevaux les pailles, sans l'aide du foin et de l'avoine : aucune autre racine ne peut avoir cet effet. L'avidité que montrent les chevaux pour cette racine, prouve qu'elle leur est très-salutaire.

M. Billing aurait dû compter le produit des carottes par boisseau (le boisseau anglais vaut près de trois boisseaux de Paris, ou trois décalitres et demi) : la charge a tant de variations, qu'elle n'offre rien de positif. La mesure par boisseau devrait aussi être faite après que les racines sont dépouillées de leurs feuilles, etc.; et alors quarante boisseaux, ou bushels, se réduiroient à trente. En mesurant de cette manière, vingt charges par acre, feraient six-cents bushels : cinq cent dix charges, quinze mille trois cents bushels, qui, à 2 den.

C 5

et demi sterlings le bushel, feraient une somme de
63 livres : nous verrons que des fermiers portent
cette valeur plus haut. M. Billing n'a qu'une estimation comparative des carottes avec le prix du
foin, ainsi :

Lorsqu'il vaut.	25	*sh.* la charge.
les carottes sont à.	2 ½	*d.* le bushel
S'il vaut. . . . , ...	27	*sh.* 6 *d.* le bushel.
elles sont à.	3 ¼	*d.* le bushel
A.	5o	*sh.*
elles sont à.	4	*d.* le bushel.
A.	62	*sh.* 4 *d.*
elles sont.	5 ¼	*d.* le bushel.

Mais il faut se ressouvenir que tous les fermiers
évaluent à un prix beaucoup plus haut, les carottes
consommées par les chevaux pour l'engrais du bétail
et celui des cochons ».

D'autres auteurs Anglais, (entr'autres, le *Parfait Fermier*), ont critiqué M. Billing; mais ce
qu'ils lui objectent, rentre dans ce qu'on vient de
lire. Au surplus, il est inutile d'appuyer sur des
notes, qui vont se trouver démenties par des essais
nombreux, aussi bien calculés qu'ils sont certains et
authentiques. Nous allons commencer par celui d'un
bon prêtre Suisse, qui répéta soudain, au sein des
montagnes des Alpes, et avec un succès majeur,
les procédés tentés par le fermier de Wasenham,
au sein de l'île Britannique.

N°. 6.

Essai de la culture des Carottes jaunes, tiré des Mémoires et Observations *recueillies par la Société Économique de Berne,* 1768.

Vigneule, 31 Décembre, 1767.

MONSIEUR,

POUR satisfaire à ma promesse, j'ai l'honneur de vous adresser ci-joint une courte relation de mes essais sur la culture des carottes, dont le *Mémoire de M. Billing* m'a fourni et la première idée et les instructions nécessaires. J'ai eu encore ici l'occasion de reconnoître la singulière fertilité dont notre pays est favorisé sur tant d'autres, et de regretter l'inconséquence de notre peuple, qui méconnaît trop souvent ses avantages.

Le champ que j'avais destiné à mon premier essai, était depuis long-tems négligé, soit pour la culture, soit pour l'engrais. Le sol est une terre forte, argileuse, mêlée d'un peu de marne, sur une couche de terre limoneuse. Deux ans auparavant, il avait été ensemencé en méteil, la dernière année en orge, et l'une et l'autre fois sans aucune sorte d'engrais.

En octobre 1766, je fis labourer ce terrein très-profondément. Nombre de paysans de ce lieu envisagèrent mon travail d'un œil d'étonnement, et presque de pitié; quelques-uns ne purent s'empêcher de me dire nettement, que le sol de ces cantons ne supportait point des labours aussi profonds; qu'en mettant ainsi au jour une terre froide et stérile, je ne devais m'attendre qu'à perdre mon argent et mes peines. On en vint même jusqu'à citer des exemples;

C 6

mais tous les raisonnemens de ces bien intentionnés ne me détournèrent point de mon projet.

En mars 1767, je fis labourer mon champ une seconde fois, mais pas si profondément que la première fois. La terre était devenue aussi meuble et douce par le gel, qu'elle avait été forte et intraitable avant l'hiver. Je m'étais proposé de mettre ce terrein en pommes de terre et autres productions de ce genre, lorsque le *Mémoire de M. Billing* me tomba dans les mains. Je changeai aussitôt de dessein, et me préparai à faire un essai de sa culture des carottes.

Pour cet effet, je séparai une pièce de mon terrein, de la contenance de quatre mille neuf cents pieds carrés. Au commencement d'avril, j'y répandis deux chars de fumier de cheval, qui n'avait pas toute sa maturité, contenant chacun cinquante pieds cubes environ. Le 10 du même mois je fis recouvrir ce fumier par un troisième labour, et passer deux fois une herse pesante, armée de dents de fer de la longueur de huit pouces, tirée par deux forts chevaux ou une paire de bœufs, pour bien égaliser mon champ. Le même jour j'y semai cinq onces de graine passée par un tamis bien fin, et ensuite mêlée de terre sèche et pulvérisée. Le champ ainsi ensemencé, je recouvris mes semailles en faisant passer une légère herse de bois.

Près de deux mois se passèrent avant que l'on pût sarcler les jeunes carottes; le tems étant successivement ou extraordinairement sec ou fort pluvieux. Je me proposais de suivre exactement pour ce travail la méthode indiquée par M. Billing, que l'épargne de tems et de frais me rendait très-recommandable. J'avais dans cette vue déjà fourni à mes

ouvriers les sarcloirs nécessaires, mais leur maladresse inconcevable, ou pour mieux dire, une opi-
niâtreté invincible à ne pas se départir d'une ancienne
pratique ou d'une coutume transmise de père en fils,
me força d'abandonner mon dessein, espérant toutefois de réussir mieux dans cette entreprise, quand
mes carottes auraient pris quelque accroissement:
C'est ce que j'effectuai à la mi-juillet; mais les pluies
survenues interrompirent bientôt mon ouvrage, qui
sans cela eut très-bien et promptement avancé. Les
moissons et récoltes de toute espèce suivirent, de
sorte que manquant de tems et d'ouvriers pour finir
ce travail, il fallut me contenter de faire nettoyer
superficiellement mon champ des mauvaises plantes
les plus grosses et les plus nuisibles. Mes carottes
n'en firent pas moins de progrès, quoique environ-
nées de mauvaises herbes, et cela jusqu'au 20 d'octobre, où j'en fis la récolte.

Je suivis encore ici, malgré toutes les remontran-
ces et les craintes prématurées de mes ouvriers,
l'exemple de M. Billing. Je dégarnis une charrue
ordinaire de son coutre et de son versoir, et fis labourer la terre en me servant seulement du soc.
L'ouvrage fut plus expéditif, et j'y gagnai encore de
conserver une très-grande quantité de carottes, qui
déracinées à la manière ordinaire, auraient été enta-
mées ou blessées par la bêche.

Me voici arrivé à la partie la plus intéressante de
ma relation, c'est-à-dire, au produit. Il surpassa et
mes espérances, et ce que M. Billing avait jamais
recueilli sur ses meilleures pièces, sarclées avec le
plus grand soin jusqu'à trois différentes fois. Je tirai
de ce huitième de pose sept charges de carottes, autant que pouvait en contenir une charrette à fumier.

J'en ai trouvé de quatre pouces de roi de diamètre
et dix-neuf à vingt-un pouces de long, non compris
les feuilles. La plupart avaient deux pouces huit
lignes à trois pouces quatre lignes de diamètre, et
quatorze à dix-sept pouces de long.

L'utilité de cette racine pour l'engraissage du bétail, étant reconnue depuis long-tems de nos cultivateurs, et les expériences réitérées que M. Billing en
a fait par rapport aux chevaux, aux bœufs et aux
vaches, constatant le même avantage pour le gros
bétail, (effet bien naturel, qui se laise très-aisément
inférer pour ce cas comme pour plusieurs autres, de
la grande analogie qui se trouve entre tous les animaux frugivores) je crus superflu d'en tenter moi-
même une épreuve que je suppose d'avance comme
infaillible. La seule remarque que je fis, c'est que
non-seulement les porcs et les moutons , mais les
chevaux, les bœufs et les vaches même en furent
très-avides. Les chevaux et quelques bœufs ne les
goûtoient au commencement qu'avec assez d'indifférence , mais accoutumés bientôt au goût un peu
fort de cette plante, ils la mangèrent avec la plus
grande avidité.

Voilà, Monsieur, un détail exactement circonstancié de mon entreprise, que j'ai dessein de continuer en grand le printems prochain, etc. etc. etc.

GUERWER, Pasteur.

N°. 7.

EXPÉRIENCES sur les Carottes, faites par M. ARTHUR YOUNG, en sa ferme de Brad-field-Combust, dans le comté de Suffolk, de 1764 à 1767.

Tirées de son grand ouvrage des Expériences d'Agriculture, livre 3, *traitant* des végétaux dont les racines sont communément employées à la nourriture du bétail.

M. Arthur Young commence son troisième livre par ces mots : « J'arrive à l'une des branches les plus importantes de l'agriculture, à celle dont dépend en grande partie la prospérité du fermier.

En ce canton, les turneps sont cultivés communément ; dans d'autres on cultive plutôt des carottes, et dans d'autres encore des pommes de terre.

(On donnera séparément un *Traité des Tur-neps,* ou *Raves,* et un des *Parmantières,* car c'est ainsi que l'on propose de nommer les pommes de terre, pour honorer celui de tous les agronomes qui a le plus contribué à en répandre la culture).

M. Young ajoute : « Quand un fermier cultive en grand l'une ou l'autre de ces racines, il peut entretenir dans la saison de nombreux troupeaux de bétail. Ce bétail lui fournit beaucoup d'engrais, et les engrais lui donnent de riches récoltes.

Un autre avantage de la culture des racines, c'est le bien qu'elles font à la terre. Toutes sont des récoltes-jachères, qui préparent merveilleusement le sol pour la production du grain : elles nettoyent, adoucissent et améliorent le sol, propriété qu'elles ont tant par leur nature que d'après les cultures qu'elles reçoivent dans le cours de leur croissance.

Considérées sous tous les rapports , les racines sont un des plus importans articles de l'agriculture. »

D'après cet axiome , qui répond à la phrase de l'illustre Rozier, prise pour épigraphe de ce petit recueil, je ne saurais me dispenser de transcrire ici le chapitre où M. Young nous rend compte de ses expériences sur la culture des carottes. Je me servirai, à-peu-près , de la traduction de MM. Lamarre, Benoist, Billecocq, et Delalauze , auxquels nous sommes redevables de l'immense recueil en dix-huit volumes des Œuvres du célèbre agronome Anglais ; recueil important et utile, quoiqu'un peu trop volumineux pour les simples cultivateurs. Dans l'état où il est , on peut y désirer plus d'ordre , plus de précision peut-être ; mais, il faut l'avouer, c'est l'une des meilleures importations qu'on ait faites de l'Angleterre en France.

Dans les dix-huit volumes de la collection , il n'en est presque aucun où l'on ne trouve les carottes extrêmement recommandées par des faits, des calculs, ou des réflexions, que je citerai à leur date. Je me réserve seulement d'abréger, d'éclaircir ou de commenter, au besoin, le texte de M. Young. Lui-même n'a pas craint de se répéter sur ce point , et d'un volume à l'autre. *Voyez* tome XII , page 281 et tome XIII , p. 412 , où l'on trouve les mêmes choses à-peu-près dans les mêmes mots. Tant cet auteur avait à cœur d'inculquer aux fermiers les divers avantages de la culture des carottes !

Quoiqu'il en soit, voici son chapitre sur ces racines:

« La carotte n'est pas communément cultivée dans le voisinage de la ferme que j'occupe ; mais dans les parties maritimes du comté, entre Woodbridge et la mer, tous les fermiers en ont une récolte, soit pour en nourrir leurs chevaux, auxquels ils croient que cette nourriture est très-salutaire, soit pour le marché de Londres, où ils les envoient dans des bateaux. La culture de ces racines est connue depuis long-tems en ces cantons, et leur sol sablonneux, riche et profond, en quoi il diffère totalement des terres de ma ferme, est très-propre à cette culture. Sachant que ces fermiers faisaient de grands profits sur les carottes, je me déterminai à essayer si elles ne réussiraient pas sur des terreins plus compactes. Les écrivains qui en ont parlé, disent tous qu'il faut, pour les cultiver avec succès, un sol sablonneux ; mais ayant reconnu que ces messieurs se trompent quelquefois, je n'ajoute pas implicitement foi à leurs assertions.

Le lecteur ne doit pas s'attendre à trouver dans ces essais des succès constans. En commençant, contre toutes les règles, à cultiver des carottes, je me déterminai à en faire l'essai sur tous mes sols, depuis le fond d'argile jusqu'au loam graveleux. Il était impossible que tous fussent favorables à cette culture. Du moins l'on ne trouvera ici aucune expérience dont le résultat, heureux ou malheureux, ne soit pour les autres une leçon qui m'eût été bien précieuse lorsque je commençai, mais que je ne pus me procurer.

Près de Woodbridge, on ne sème les carottes qu'à la volée, et je ne me rappelle pas d'avoir vu, ou d'avoir ouï dire qu'on en semât par rangées. (Cependant, M. Young connaissait parfaitement, et il a lui-même cité, en les critiquant, les essais de M. de Châteauvieux sur la culture des carottes par rangées, essais qui sont rapportés ci-dessus, N°. premier de ce recueil). M'étant proposé d'essayer sur toutes les plantes qui viendraient à ma connaissance, les méthodes tant anciennes que nouvelles, j'ai semé des carottes par rangées. Ayant été obligé de déposer les semences à la main, parce que je croyais qu'il était impossible, d'après la nature de ces graines, de les semer régulièrement avec la charrue à semoir ; et d'ailleurs ne voyant pas bien clairement l'utilité de mes essais sur ce sujet, j'ai pris le parti de les supprimer : mais ceux que j'ai faits sur les carottes cultivées selon la méthode ancienne, peuvent en revanche être utiles à tous ceux qui occupent des sols semblables aux miens ; et je vais les placer sous les yeux du lecteur. (Ici, les traducteurs observent qu'à l'époque où Arthur Young a fait ses expériences sur les carottes, cette culture était peu connue : elle a fait depuis des progrès étonnans, et les succès en ont été aussi heureux qu'on pouvait le désirer. Les carottes ont presque par-tout remplacé les turneps, à cause de leur qualité, qui est supérieure à la leur, et sur-tout parce qu'elles sont une nourriture excellente pour les chevaux.)

Expérience, N°. 1.—*Un demi-rood* (le quart d'une acre anglaise, ou dix ares françaises), *dans le champ désigné par la lettre M*. 1764.*

Ce terrein avait produit de l'avoine en 1763. Au commencement de mars, il fut labouré à la profondeur de dix pouces, avec une charrue attelée de quatre chevaux, et hersé deux fois. A la Notre-Dame, il reçut deux labours ordinaires et deux hersages, et fut semé avec une demi-livre de graine, qui fut recouverte par un troisième hersage : la

graine leva , mais il se passa cinq semaines avant
que je pusse distinguer assez les jeunes plantes pour
leur pouvoir donner le premier binage. Les mauvaises herbes étoient si épaisses sur le terrein, que je
craignis qu'il fût impossible de les nettoyer sans détruire la récolte ; cependant je les fis sarcler, et l'on
put voir les plantes. Bientôt après je les fis biner
comme les turneps, avec ordre de laisser entre elles
une distance de douze pouces, ce qui fut fort bien
exécuté.

La dernière semaine de juin , étant allé voir la
récolte , et y ayant encore trouvé un assez grand
nombre de mauvaises herbes , je la fis biner une seconde fois. On répara les négligences du dernier binage , et le terrein fut laissé parfaitement net. Je vis
clairement à la croissance des plantes, que la récolte
ne serait pas mauvaise ; elles étaient régulièrement
plantées, les têtes bien garnies et d'une bonne couleur. Cependant je crus devoir , au tems de la
moisson, leur donner encore un léger binage. La
récolte fut arrachée en octobre avec des fourches à
quatre pointes et des bêches ; on enlevait les racines
sans beaucoup de peine, et il n'y en eut qu'un petit
nombre de rompues. Je les fis transporter à la maison ; on en coupa les têtes , et on laissa sécher les
racines. Après les avoir nettoyées de la terre qui s'y
trouvait attachée , on les plaça dans une chambre
séparée.

La quantité récoltée fut de trente-un bushels, non
compris les têtes, que les cochons mangèrent aussitôt après qu'elles eurent été coupées. Je donnai des
racines à quelques cochons maigres et à une truie
cochonnière , qui parurent les aimer beaucoup : j'en
donnai , pour essai, quelques-unes à une vache , et

je vis qu'elle les préférait à toute autre nourriture.
J'essayai d'en donner aussi à une bête à l'engrais,
avec des turneps et du foin. Quand elle en eut connu
le goût, elle les préféra évidemment aux turneps ;
mais le principal usage que j'en fis, fut d'en nourrir
mes cochons. D'après des calculs aussi exacts qu'il a
été possible, nous avons, mon valet et moi, évalué
cette récolte à un sheling le bushel.

En général, les carottes n'étaient pas très-longues,
mais elles étaient d'une bonne épaisseur : leur longueur commune était de douze à dix-huit pouces,
et leur grosseur égale à celle du poignet d'un homme.
Il y en avait de beaucoup plus grosses, et quelques-
unes étaient fourchues et difformes, ce qui prove-
nait probablement de la dureté de la couche inférieure.

Produit, par acre. — Deux cents quarante-
huit bushels, à 1 *s.* . . . . 12 *l.* 8 *s.* 0 *d.*

Dépenses. — Un labour profond, deux *id.* communs,
cinq hersages, semence,
6 *s.* ; sarclage, 16 *s.* ; trois
binages, 1 *l.* 5 *s.* 6 *d.*—Dé-
terrer les carottes, 10 *s.*
6 *d.* Les charrier, net-
toyer, etc. ; rente, etc. . 4 *l.* 10 *s.* 4 ½ *d.*
—Usé des animaux et usten-
siles. . . . . » 6 11

4 17 3 ½

Profit. . . . . 7 10 8 ½

OBSERVATIONS.

Ce premier essai sur les carottes me donna beaucoup de plaisir et d'encouragement. D'après toutes
les informations que j'avais prises, je devais croire

que mon sol n'était nullement propre à cette culture. Ce fut donc une espèce de triomphe pour moi, que d'y recueillir une aussi belle récolte. Que ce sol soit peu propre aux carottes, c'est ce dont je suis bien convaincu ; il n'est point assez profond, ou, si l'on veut, mes instrumens furent insuffisans pour le labourer convenablement. C'est un loam graveleux, sec et sain, mais fort difficile à manier ; en un mot, une terre à froment et à turneps. Les carottes pénétrèrent plus bas que mon labour. Si j'avais pu le donner à une plus grande profondeur, elles auraient certainement été plus grosses.

Le premier coup d'œil que je jetai sur ce terrein, après que les plantes eurent levé, me causa de l'effroi ; il était tellement couvert de mauvaises herbes, que j'aurais pris le parti de le faire labourer, si le champ eût été de quatre ou cinq acres ; mais cet essai fait voir qu'on ne doit pas tant se presser dans la culture des carottes. On sait d'ailleurs que le mois de mai et le commencement de juin, si le tems est pluvieux, sont la saison des mauvaises herbes. Sur une terre passablement labourée et semée à la Notre-Dame, on doit présumer que les turneps en triompheront ; elles peuvent être détruites dans cette saison par des labours. Les turneps d'ailleurs sont sitôt prêts pour le binage, que les mauvaises herbes ne peuvent leur être très-nuisibles. Mais les carottes leur laissent, pendant neuf ou dix semaines, la facilité de s'élever ; et alors même, les plantes sont encore si tendres et si faibles, qu'il faut beaucoup d'attention pour les distinguer des ordures qui les environnent : voilà pourquoi la culture des carottes est dispendieuse. Il en coûte 2 liv. par acre pour nettoyer cette récolte, tandis qu'il n'en coûte que 6 sous pour faire biner un acre de turneps.

Quels que soient ces désavantages, le produit des carottes est si considérable, qu'il dédommage amplement de tous les frais de culture. Deux cent quarante-huit bushels de carottes nettoyées, non compris les têtes, qui ont aussi leur valeur, sont une récolte que n'égalera jamais aucune des récoltes communément cultivées par nos fermiers ; et il n'y a pas lieu de douter que les carottes ne préparent la terre aussi bien que les turneps pour la culture des mars. On dit qu'auprès de Woodbridge leurs plus belles récoltes d'orge sont celles qui succèdent à des carottes, et l'on ne doit pas s'en étonner. Tant de binages donnés à cette récolte , et l'épaisseur du fourrage dont elle couvre la terre, ne peuvent manquer de surpasser l'effet des turneps, et la profondeur du labour donné à la terre pour l'une de ces récoltes, équivaut apparemment au plus grand nombre de labours donnés pour l'autre.

Je suis surpris qu'on ne cultive pas plus communément un végétal qui , en même-tems qu'il tient lieu de jachère , peut donner 7 livres 10 sous de profit par acre, (près de 450 francs par hectare, tandis que dans le même canton les meilleures récoltes en blé ne sont pas évaluées 5 liv. sterl. par acre, ou 300 fr. par hectare). On m'alléguera sans doute la différence du sol ; mais les fermiers sont trop occupés de cette idée. Ceux de Woodbrige pourraient également m'alléguer la différence de leur sol au mien. Je crois que sur des fonds graveleux , secs et sains, qui admettent le labour à neuf ou dix pouces de profondeur, on peut cultiver des carottes avec la certitude d'en retirer un bon profit.

Expérience, N°. 2.—Une demi-acre (vingt ares)
dans le même champ M. 1765.*

Cette demi-acre avait produit, en 1764, de l'orge,
dont le chaume fut rompu en octobre. On y traça
d'abord un sillon commun de sept à huit pouces de
profondeur; ensuite la charrue à quatre chevaux
passant dans le même sillon , le creusa jusqu'à la
profondeur de douze à quinze pouces. On laissa la
terre en cet état pendant l'hiver. Le 13 mars elle reçut un labour ordinaire , fut hersée deux fois et semée en trois jets : ce ne fut qu'au commencement de
mai qu'on put distinguer les plantes. Elles étaient
enveloppées dans un épais fourré de mauvaises herbes. Le 20 mai, j'y mis trois hommes qui les binè-
rent avec des houes de quatre pouces de large. Après
cette opération, on put voir qu'elles étaient également et régulièrement répandues sur le champ. Les
mauvaises herbes ayant bientôt reparu, un de mes
journaliers me suggéra une idée qui m'avait totalement échappé, ce fut de faire herser le champ. On
herse, me dit-il, communément les fèves et les turneps, sans que ces récoltes en soient endommagées.
Je n'avais alors que des herses pesantes; cependant
j'en voulus essayer. La terre était fort sèche : je suivis moi-même la herse pour en observer l'effet, et je
vis que l'opération était fort bonne. Elle laissait les
plantes plus épaisses encore qu'il n'était nécessaire,
et n'en endommageait qu'un très-petit nombre. Je
pris même le parti de faire herser le tout une seconde
fois. Le tems continuant à être, par son extrême sécheresse, défavorable à la croissance de toute espèce
de plantes, je n'y fis rien de plus. La seconde semaine

de juin, je me proposais de faire biner les carottes avec des houes larges, mais une forte pluie qui survint m'en empêcha. Cette pluie les fit pousser considérablement. Aussitôt après les hersages, elles avaient pris le dessus des mauvaises herbes; ainsi je pouvais attendre, pour les biner, le tems le plus favorable. Le 22 juin, je les fis biner avec des houes de dix pouces, laissant les plantes régulièrement espacées de douze à dix-huit pouces.

Tout le mois de juillet se passa sans pluie, ce qui fut favorable à cette culture. La sécheresse maintint le champ parfaitement net. Ces carottes avaient encore fort belle apparence, lors même que la plupart des autres récoltes étaient brûlées, ce qu'il faut sans doute attribuer au labour profond, et à la propriété que ces racines peuvent avoir d'attirer à elles l'humidité des couches inférieures. Il ne tomba point de pluie jusqu'au 13 août. Les grains rafraîchissans qui tombèrent alors firent lever de nouveau quelques herbes que je détruisis par un léger binage au commencement de septembre. La récolte fut déterrée la première semaine de novembre. Comme le tems étoit beau, je laissai sécher les carottes pendant deux jours sur le champ qui les avait produites. Je les fis ensuite charrier à la maison. On en coupa les têtes, qui furent données aux cochons, et on déposa les racines dans un endroit séparé, pour être employées pendant l'hiver. La quantité fut de cent quarante-sept bushels. Les carottes étaient en général droites et belles; quelques-unes, en petit nombre, étaient fourchues. Leur grosseur variait entre deux et cinq pouces de diamètre.

Quant à l'emploi de la récolte, j'en nourris non-seulement des chevaux, mais aussi des vaches, des

bestiaux

bestiaux tant maigres qu'à l'engrais, des cochons de tous les âges, depuis le petit qui vient d'être sevré, jusqu'aux truies cochonnières, etc. Mais ce que je fus le plus soigneux de constater, ce fut la valeur réelle de la portion de carottes dont j'engraissai des cochons. J'achetai trois cochons maigres qui me coûtèrent 2 livres 8 sous, et les mis dans une loge séparée pour être engraissés aux carottes. Soixante-six bushels de carottes, auxquels furent joints dix-huit bushels de son, les engraissèrent parfaitement. Voici de quelle manière ce mélange leur fut donné. On faisait bouillir les carottes jusqu'à ce qu'elles pussent être écrasées, sans cependant les réduire en bouillie. On les mettait alors dans un cuvier en y ajoutant une certaine quantité de son, et quand le tout était froid, on le donnait aux cochons à des heures réglées.

	l.	s.	d. st.
Coût des cochons.	2	8	"
Dix-huit bushels de son.	"	9	"
Les faire bouillir, et chauffage.	"	9	»
	3	6	"
Les cochons ont été vendus, au sortir des carottes.	6	6	"
Dépenses.	3	6	"
Produit des carottes.	3	"	"

Ce qui fait juste 11 deniers par bushel. Je partirai de cette base pour faire le calcul de la présente expérience; mais je suis persuadé qu'il y aurait plus de bénéfice à donner les carottes crues à de petits cochons et à des truies cochonnières.

Produit. — Cent quarante-sept bushels,   *l.*   *s.*   *d. st.*
à 11 *d.*   6   14   9

Dépenses. — Un labour profond, deux *id.* ordinaires,
cinq hersages, trois bina-   *l.*   *s.*   *d. st.*
ges; rente, etc.   2   10   8 ¼
— Usé des animaux, etc.   »   4   9
         2   15   5 ¼

Profit, 7 *l.* 18 *s.* 7 ½ *d.* par acre.   3   19   3 ¼

OBSERVATIONS.

Lorsque je donnais à ce terrein un labour profond,
mes hommes me dirent que je le frappais de stérilité, en ramenant à la surface la *terre morte*. Mais
j'ai éprouvé qu'après que la gelée a passé sur cette
terre, et sur-tout après des binages répétés en été,
elle est tellement améliorée que le nom de *terre-
morte* ne lui convient plus. J'ai également éprouvé
que l'orge est excellente sur une terre qui a reçu une
année auparavant un labour profond, et que rien
n'est plus propre à enrichir le sol, qu'une récolte
de carottes bien binées, qui le couvre d'un épais om-
brage.

Cette expérience fait voir que les sols sablonneux
ne sont pas les seuls qui puissent produire des carottes. Le champ qui produisit celles-ci est un loam
fort et gràveleux; cependant la récolte de carottes
en est excellente, et rien n'annonce qu'on eût dû y
semer de préférence une autre récolte.

Ce n'est pas pourtant que je prétende qu'il y ait
sous ce rapport égalité entre ces loams et les riches
fonds de sable. Je pense au contraire que ceux-ci
sont beaucoup supérieurs, et les récoltes des envi-

fons de Woodbrige en font foi. Le produit de ces récoltes monte souvent à 20 livres par acre, et quelquefois à plus. Mais de ce que mon sol n'est pas naturellement aussi fertile, en conclura-t-on que je ne doive jamais tenter d'y faire une récolte de carottes? Dois-je rejeter un profit net de 8 livres par acre, par la seule raison qu'il n'est pas de 12, sur un terrein qui, avec toute autre récolte, ne m'en rapporterait pas 4? J'ose assurer qu'il n'est point de culture qui puisse être aussi productive, même sur ces sols, que celle des carottes, et j'en suis si convaincu, que ma ferme résolution est de mettre graduellement en carottes toutes mes terres à turneps. Je n'étendrai pas mes essais à tous les champs à la fois, mais j'irai tous les ans de l'un à l'autre, à mesure que j'aurai constaté par des expériences le profit que je puis attendre de tel ou tel sol et de telle ou telle saison.

EXPÉRIENCE, N°. 3. — *Dix perches, dans le champ L*. 1765.*

Le sol de ce champ est un loam argileux, fort et beaucoup trop humide pour les turneps, selon les idées généralement reçues. Je consacrai dix perches de ce champ à un essai sur les carottes. En octobre, cette terre fut labourée, comme dans les deux expériences précédentes, avec deux charrues, mais la dureté du sol ne permit pas de le labourer à plus de dix ou douze pouces de profondeur. J'y fis creuser en travers un sillon d'écoulement pour le tenir totalement sec durant l'hiver. Je vis avec satisfaction que les gelées pulvérisoient les mottes de terre amenées à la surface par un labour profond. Leur extrême dureté m'avait fait craindre qu'un seul hiver ne

fût pas suffisant pour les bien diviser. A la fin de
mars la terre reçut un labour ordinaire, fut hersée
deux fois, ensemencée, et la graine recouverte par
un troisième hersage. Les plantes mirent environ
deux mois à lever. Elles furent moins infectées de
mauvaises herbes que celles des expériences précédentes, ce que l'on doit probablement attribuer à ce
que les couches inférieures de ce champ contenaient
moins de graines, ou étaient moins propres à les
faire végéter. Mais il ne paraît pas que cette qualité
du sol fût nuisible aux carottes.

Vers la mi-juin on donna le premier binage avec
des houes larges. Il n'y était levé qu'un petit nombre
de mauvaises herbes, l'extrême sécheresse ayant se-
condé en cela la pauvreté du sol. Par ce binage les
plantes furent espacées de un à deux pieds, la récolte n'étant pas assez épaisse pour qu'on pût ne
laisser entre elles que la distance de douze pouces.
Elles furent arrachées au commencement de novembre, séchées et voiturées, comme dans les expériences précédentes. Produit, huit bushels et demi.
Les carottes étaient droites et saines, mais petites.
Elles furent données à une truie et à de petits cochons. Valeur, d'après une évaluation exacte, un s.
un demi-denier le bushel, ou boisseau anglais.

	l.	*s.*	*d. st.*
Produit par acre. — Cent trente-six bushels, à 1 *s.* ½ *d.*	7	1	8
Dépenses. — Labour profond, deux labours ordinaires, trois hersages, rente, etc.	3	1	4 ½
— Usé des animaux, etc.		4	1 ½
	3	5	6
Profit.	3	16	2

OBSERVATIONS.

Le résultat de cette expérience me paroît digne de remarque. Il est plus étonnant, ce me semble, de voir une récolte de carottes rapporter autant sur un sol que tout le monde regarde comme très-peu propre à cette culture, que d'avoir des récoltes beaucoup plus productives sur mes loams graveleux. Je ne connais point d'autre végétal qui pût donner sur cette terre un produit de la valeur de 7 liv. par acre, sans avoir reçu un seul bushel d'engrais. Je recommande cette expérience à l'attention des fermiers et propriétaires qui ne croient pas posséder une seule acre qui soit propre à la culture des carottes. Il n'y a pas lieu de douter qu'il ne soit fort avantageux pour les récoltes subséquentes, d'avoir une couche de terre végétale de cette profondeur. Après avoir été exposée à l'air deux hivers et un été, la terre, nouvellement retournée, ne peut manquer d'être améliorée, adoucie, et d'égaler en tout l'ancienne surface. Tous ces avantages, obtenus de la plus productive de toutes les récoltes, fixeront peut-être l'attention des cultivateurs.

Cependant, je fis dans cette expérience une grande faute, j'aurais dû évidemment engraisser ce terrein, ce qui aurait contribué à l'ameublir et en aurait augmenté de beaucoup le produit. Quelle que soit sur ce point l'opinion de quelques écrivains jardiniers, je ne vois aucune bonne raison de négliger d'engraisser le sol pour la culture des carottes.

EXPÉRIENCE, N°. 4. — *Un rood, dans le champ R*. 1766.*

Ce terrein avait produit, en 1765, du froment, dont le chaume fut labouré en octobre, avec deux

D 3

charrues, à la profondeur de quatorze pouces. En voyant donner ce labour profond, je m'aperçus que j'aurais dû avoir une charrue faite exprès pour ce travail, plus étroite que les charrues ordinaires, et dont l'oreille fût plus haute. J'imaginai que nous pourrions alors gagner encore plus de profondeur, quoique le sillon dût être moins régulier, c'est-à-dire, plus étroit dans le bas que dans le haut.

Durant la première quinzaine de mars, le tems fut fort beau. J'en profitai pour engraisser ce terrein avec six charges de fumier de ferme bien pourri, et qui avait été retourné deux fois. On laboura et l'on hersa deux fois : les carottes furent alors semées et recouvertes par un troisième hersage. Elles vinrent bien, au milieu d'une prodigieuse quantité de mauvaises herbes. Elles reçurent le 14 mai le premier binage avec de petites houes, furent hersées deux fois et restèrent en cet état, bien disposées pour le grand binage. A la fin de juin elles furent binées de nouveau et espacées de douze à dix-huit pouces. Toutes les herbes furent coupées, les mottes pulvérisées ; on eût cru voir les plates-bandes d'un jardin. Le tems continuant d'être favorable, les carottes profitèrent beaucoup. Les têtes étaient d'un beau vert, fort hautes et fort étendues. Les grains de pluie qui tombèrent par intervalles, firent pousser de nouvelles herbes. Nouveau binage au commencement d'août, qui fut suivi, dans la première semaine de septembre, d'un binage léger, pour détruire le peu de mauvaises herbes qui avaient échappé aux premiers. Les racines furent arrachées en octobre, séchées, voiturées, etc. Produit, cent neuf bushels (ou près de quarante hectolitres).

J'employai encore cette récolte à divers usages ;

mais la plus grande partie fut donnée crue à quelques cochons maigres. Pour en constater la valeur exacte, je mis dans une loge séparée, dix petits cochons, et les nourris avec du grain moulu et un peu de lavures. On leur donnait le grain moulu à différentes heures, selon qu'ils avaient besoin de manger et de manière à les entretenir en bon état. J'en mis dix autres de la même sorte et de la même grosseur, dans une loge voisine, et les nourris aux carottes crues. On leur en donna la quantité nécessaire pour les tenir, comme les autres, en bon état. Je les entretins pendant un mois ; ils grossirent et prospérèrent tous également. Calcul fait des dépenses, il résulta que les carottes, à 1 sous 2 deniers le bushel, avaient autant produit, pour l'engrais des cochons, que le grain moulu.

Produit par acre. — Quatre cent trente-six *l.* *s.* *d. st.*
bushels, à 1 *s.* 2 *d.* 25   8   8
Dépenses. — Un labour profond, deux *id.* ordinaires, cinq hersages ; engrais, 11 *s.* 1 *d.* ; quatre binages, *l.* *s.* *d. st.*
2 *l.* 9 *d.* ; rente, etc. . . 5   9   8 $\frac{1}{2}$
— Usé des animaux, etc. . 1   3   3 $\frac{1}{2}$

　　　　　　　　　　　　　　　6   13   ,

Profit. 18   15   8

OBSERVATIONS.

Cette expérience, n'eussé-je point à citer d'autres autorités, suffit seule pour prouver qu'on peut retirer un grand bénéfice de la culture des carottes. J'imagine, d'après ces essais, que, pour produire de grandes récoltes de cette précieuse racine, la terre a

D 4

sur-tout besoin d'être fertilisée. Celle-ci, quoiqu'elle n'eût pas reçu un labour aussi profond que je l'aurais désiré, me produisit de superbes carottes. Plusieurs portaient de quinze à vingt pouces de circonférence, et de dix-huit à vingt pouces, et même jusqu'à trois pieds de long. Les dernières pointes de celles-ci étaient à la vérité très-menues ; mais cette longueur des racines prouve qu'elles pénétrèrent fort au-dessous de la terre labourée. Il est donc également nécessaire de labourer à une grande profondeur, et d'enrichir par des engrais la couche supérieure. On conçoit aisément qu'il est possible qu'une plante dont la racine est longue et pivotante, tire sa principale nourriture des fibres qui s'étendent autour d'elle, un peu au-dessous de la surface du sol, en sorte que si vous enrichissez beaucoup cette couche supérieure, toutes les parties de la plante, même celles qui ne tirent aucune nourriture de la terre (si pourtant il en existe de telles) grossissent dans la proportion. Ainsi ce serait la surface supérieure qui déterminerait la grosseur de la racine, et les couches inférieures ne seraient pour elle qu'une sorte d'appui qui la soutiendrait dans une situation commode et favorable à sa croissance. Si ce système est juste, il y a lieu de présumer que la richesse de la surface d'un sol suppléerait en quelque sorte, pour cette culture, à ce qu'il pourrait lui manquer en profondeur. Cependant il faudrait toujours supposer que les couches inférieures fussent pénétrables. Au surplus, je suis loin de penser que la carotte tire toute sa nourriture de la surface du sol. La seule inspection des fibres qui poussent des extrémités de sa principale racine, suffirait pour réfuter cette opinion ; je veux dire seulement que si l'on fertilise les couches supérieures à dix ou douze pouces de profondeur, la racine en aura nécessairement plus de force pour pénétrer les dix ou douze autres pouces des couches inférieures, soit qu'elle en tire ou non de la nourriture, et qu'elle y pourra même grossir convenablement, à son extrémité, cette terre fût-elle, comme on le prétend, une substance *morte*.

Pour mettre au grand jour toute l'importance de cette culture, je vais la comparer à la culture communément usitée sur ces sortes de terreins. Cette année fut favorable pour les turneps. Le produit en monta donc à 3 ou 4 livres par acre, et la perte fut probablement de 20 à 30 sous. Ici, le produit des carottes est de 25 livres par acre, et le profit de 20 liv. Quelle énorme différence ! Sous un autre rapport, des expériences répétées m'ont convaincu que les carottes binées, poussant plus de feuillage que les turneps, préparent beaucoup mieux la terre pour l'orge et les récoltes subséquentes. Mais elles offrent encore un avantage, qui peut-être est supérieur à tous les autres, c'est de laisser au cultivateur la faculté de labourer la terre en automne et de la former en billons pour l'hiver, en sorte qu'on n'a plus à la piétiner dans la saison des pluies. Ainsi l'on voit que les carottes, qui égalent, sous le rapport de l'ordre et de la pulvérisation du sol, une jachère d'été, lui sont supérieures sous les autres rapports. Supposons qu'un fermier fasse 30 sous par acre de bénéfice net sur son orge, 30 sous sur son trèfle, et 40 sous sur son froment ; il aura perdu 25 sous sur les turneps ; le profit net sur la succession de ses récoltes sera donc de 3 livres 15 sous ; mais supposons qu'il soit de 4 livres ou de 20 sous par année. On ne trouve pas en ce canton une acre sur quarante qui donne ce bénéfice net.

Eh bien, une seule récolte de carottes égale et même surpasse le produit de plus de quatre assolemens complets. A la fin d'une seule année, j'ai fait avec les carottes plus de profit qu'un autre fermier n'en a fait après dix-huit ans. Ceci peut donner une idée juste de la valeur des carottes.

EXPÉRIENCE, N°. 5. — *Un rood, dans le champ Mᵐᵉ. 1766.*

Ce rood est la moitié du demi-acre N°. 2. Après que les carottes furent enlevées, cette terre fut de nouveau labourée avec deux charrues. Le sol étant moins compacte, nous gagnâmes en profondeur un autre pouce et peut-être deux. La première semaine de mars, j'y mis cinq charges de fumier de ferme bien pourri. Le terrein fut alors labouré, hersé deux fois et semé de nouveau en carottes, dont la graine fut recouverte par un autre hersage. Les plantes levèrent bien, au milieu d'une assez grande quantité de mauvaises herbes, ce qui me surprit. J'avais imaginé que les labours et les binages tant de la précédente récolte que de celle-ci, les auraient toutes détruites ; cependant elles étaient beaucoup moins épaisses que la première année. Les carottes furent binées à la petite houe vers la mi-mai, et espacées convenablement par une seconde opération la dernière semaine de juin. Ce binage les laissa en très-bon état. La terre était bien pulvérisée, totalement nette, et les carottes avaient une fort belle apparence. Le dernier binage leur fut donné à la fin d'août. Elles furent arrachées en octobre, enlevées, voiturées, etc. Produit, cent dix-sept bushels. On les donna aux cochons maigres, aux truies cochonnières,

et à quelques jeunes bestiaux. La valeur moyenne
par bushel fut de 1 sous 1 denier.

Produit par acre. — Quatre cent soixante-
huit bushels, à 1 *s.* 1 *d.* 25   7   »

Dépenses. — Un labour profond, deux *id.* ordinaires,
trois hersages , binages ,
engrais, etc. 4   2   7 $\frac{1}{2}$
— Usé de animaux, etc. . 1   2   5 $\frac{1}{2}$
—————————————
5   5   1

Profit. 20   1   11

OBSERVATIONS

Cet essai fait voir qu'on peut semer deux fois de
suite des carottes sur la même terre, et espérer que
la seconde récolte sera meilleure encore que la première. Cette observation est plus importante qu'elle
ne le paraît au premier coup d'œil. Pourquoi éta-
blirait-on sur ces terres un système d'assolement
qui n'y ramènerait les carottes que tous les quatre
ans, si elle peut en produire toutes les années sans
interruption ? Pourquoi semerait-on des récoltes qui
ne rapportent que 20 sous, sur une terre qui, semée
en carottes , rapporterait 20 livres ? Je me propose
d'en semer encore sur ce rood l'année prochaine et
successivement pendant plusieurs années, persuadé
qu'étant engraissé de tems en tems, il produira tous
les ans des récoltes aussi belles que celle-ci.

EXPÉRIENCE , N°. 6. — *Dix perches dans le*
champ L. 1766.*

Même culture sous tous les rapports que dans les
précédentes expériences. Deux charges de fumier de

D 6

ferme mises sur la terre. Produit, onze bushels ou cent soixante-seize bushels par acre. Même emploi de la récolte.

		l.	*s.*	*d.*	*st.*
Produit par acre. — Cent soixante-sept bushels, à 1 *s.* 11 *d.*		9	10	8	

	l.	*s.*	*d.*	*st.*
Dépenses. — Les mêmes qu'au N°. 5, à la quantité d'engrais près, qui fut moindre.	3	16	10 $\frac{1}{2}$	
— Usé des animaux, etc. .	1	2	10 $\frac{1}{2}$	

		4	19	9
Profit.		4	10	11

OBSERVATIONS.

Cette terre à briques est évidemment fort inférieure à mes loams graveleux pour la culture des carottes, et toutes les fois qu'un fermier a le choix, il doit incontestablement donner la préférence aux sols plus légers. Mais s'il ne l'a pas, il me semble qu'un profit net de 4 livres 13 sous par acre n'est point à dédaigner, sur-tout lorsqu'il est donné par une récolte améliorante, après un bon engrais et un grand nombre de binages : ceci suffit au moins pour prouver que c'est à tort qu'on croit que les carottes ne viennent que dans des terreins légers et sablonneux, et que cette idée est fondée sur de vagues conjectures, et non sur des découvertes expérimentales.

EXPÉRIENCE, N°. 7. — *Deux acres, dans le champ H*. 1766.*

Ce terrein avait produit, en 1759, des pois ; en 1760, du froment ; en 1761, des turneps ; en 1762, de l'orge; en 1763, des turneps; en 1764, de l'orge; en 1765, de l'orge, dont le chaume ne reçut un labour profond qu'à la fin de février. La culture pour cette récolte fut absolument la même que dans les expériences précédentes, excepté que la terre ne fut point engraissée. La quantité de semence employée fut de 6 livres, et je ne pus semer qu'au 14 avril. Les plantes poussèrent fort bien, mais elles étaient en quelques endroits plus clair-semées que dans d'autres; elles furent binées deux fois, et espacées de un à deux pieds; arrachées le 3 novembre, voiturées, etc. Produit, cinq cent vingt-cinq bushels. Beaucoup de ces racines étaient grosses et belles; plusieurs pesaient quarante-deux onces, et leur diamètre, à la partie la plus épaisse, était de quatre pouces; elles étaient en général droites et saines. M. de Châteauvieux parle, comme d'une chose extraordinaire, de ses carottes binées avec une petite charrue, lesquelles pesaient jusqu'à trente-trois onces, ce qui étonna, dit-il, son jardinier. La méthode ancienne a, dans cet essai, surpassé de beaucoup la nouvelle : quelques carottes de cette récolte portaient dix-neuf pouces de circonférence, et entre deux pieds et deux pieds huit pouces de long. Une était longue de trois pieds.

J'essayai de faire un nouvel usage de cette récolte; ce fut d'en nourrir mes animaux de trait. Comme j'avais acheté plus de quatre acres de bois, ils eurent beaucoup à travailler cet hiver. Quoiqu'on ne leur donnât point d'avoine, excepté dans les voyages un peu longs, ils étaient pleins de force et de courage; on leur donnait tout simplement les carottes lavées, coupées par morceaux et hachées : leur valeur, calculée exactement d'après l'épargne qu'elles me firent en avoine, monta à 1 sou 1 denier par bushel. Quelques-unes furent données, mais sans qu'on en tînt note, à cinquante petits cochons, qui furent sevrés avec des carottes, sans lait, ce qui est assez remarquable.

Produit. — Cinq cent trente-cinq bushels, *l.*　*s.*　*d. st.*
　à 1 *s.* 1 *d.* . . . . 28　9　»

Dépenses. — Un labour pro-
　fond, deux *id.* ordinaires,　*l.*　*s.*　*d. st.*
　cinq hersages ; rente, etc.　7　12　9
—Usé des animaux, etc. .　1　9　2

　　　　　　　　　　9　1　11

Profit, 9 *l.* 13 *s.* 6 ½ *d.* . . . . 19　7　1

OBSERVATIONS.

Cette récolte aurait pu être plus belle encore et plus profitable. Je commis dans sa culture plusieurs fautes : 1°. La terre aurait dû être bien engraissée ; il est indubitablement fort utile d'engraisser pour les carottes, et elles payent bien l'engrais ; 2°. elle aurait dû recevoir un labour profond avant l'hiver. Exposée plus long-temps à l'influence de l'air, la terre amenée à la surface, aurait été plus adoucie et mieux pulvérisée ; 3°. après ces deux erreurs commises, la semence aurait dû être enterrée avec la herse après le premier labour, ce qui aurait avancé la récolte d'environ sept semaines. C'est incontestablement ce que j'aurais dû faire ; car il ne faut jamais imaginer qu'un labour de plus au printems, puisse tenir lieu de celui qu'on a négligé de donner en automne. Je conjecture que l'effet de ces erreurs a été de diminuer le produit au moins d'un tiers.

Avec tous ces désavantages, c'est toujours gagner beaucoup que de pouvoir convertir l'année de jachère en une récolte qui donne 9 livres 13 sous de profit par acre ; mais quiconque entreprend cette culture, doit être sur-tout attentif à bien nettoyer sa récolte. Quand je commençai à biner ces deux acres, ils étaient couverts de mauvaises herbes. Le jour même où j'y mis les bineurs, deux fermiers de mon voisinage , qui depuis long-temps traitaient avec beaucoup de mépris ma culture des carottes, venant à traverser le champ, me demandèrent si j'espérais faire ici une récolte. — Et même une excellente, leur répondis-je. — On se serait amusé à considérer leurs physionomies ; ils se disaient de l'œil qu'ils me regardoient comme un fou. — Vous ne récolterez, disaient-ils, que des ordures, et vous n'aurez pas trois carottes dans l'espace d'un yard. — Je revis les mêmes hommes immédiatement après que les plantes eurent reçu le second binage, et les menai voir cette récolte ; elle était alors fort belle et parfaitement nette : leur étonnement fut tel qu'ils ne purent le cacher ; mais ils se rejetèrent sur l'énorme dépense que j'avais dû faire ; ils étaient assurés, disaient-ils, que chaque carotte devait me coûter un écu.

Quel que soit le profit qu'on retire de cette culture, elle exige beaucoup de dépenses, et cette particularité seule me porte à croire qu'entre les fermiers ordinaires il ne s'en trouvera pas un sur mille qui soit tenté de la pratiquer ; ils voudront épargner sur les frais, en ne binant pas aussi complètement que je l'ai toujours fait, et cette économie mal entendue ruinera inévitablement leurs récoltes. Alors ils attribueront au végétal même leur mauvais succès, et cesseront de le cultiver. Je crois, par exemple, qu'il ne se trouveroit pas un fermier sur cent qui voulût entreprendre de sauver une récolte, si elle contenait la moitié des mauvaises herbes dont celle-ci était infectée avant que j'y misse les bineurs.

EXPÉRIENCE, N°. 8. — *Un rood, dans le champ R*. 1767.*

Ce rood de terre est celui qui produisit des carottes en 1766 (*Voyez* l'expérience N°. 4.) Aussitôt que les carottes furent enlevées, je fis labourer le terrein à quinze pouces de profondeur , et le laissai en cet état pendant l'hiver. Le 9 mars, j'y fis mettre cinq charges de fumier de ferme bien pourri ; le lendemain, un labour et deux hersages. Les carottes furent semées et la terre hersée une troisième fois.

Les plantes vinrent fort bien ; elles couvraient régulièrement le champ ; cependant ce ne fut qu'à la seconde semaine de mai qu'elles me parurent assez hautes pour pouvoir être binées ; elles furent alors espacées de douze à quatorze pouces avec des houes larges , la récolte étant assez nette pour admettre ces instrumens dès le premier binage. A la fin de juin , elles reçurent le second binage , qui laissa le terrein aussi net qu'un jardin. Les grains de pluie qui survinrent en nécessitèrent un troisième, qui leur fut donné à la fin d'août. La récolte fut arrachée en septembre. Produit, cent trente-deux bushels , ou deux cent vingt-huit par acre ; j'en donnai une partie à mon bétail de toute espèce, et j'emportai avec moi le reste en Essex pour en nourrir mes chevaux ; ils furent alors exempts de la maladie épizootique qui désolait ce canton, ce que j'attribuai à l'usage des carottes. La dépense qu'elles me sauvèrent en avoine, fut de 1 sou 1 denier et demi par bushel.

Produit par acre. — Cinq cent vingt-huit bus- | *l.* | *s.* | *d. st.*
hels, 1 *s.* 1 $\frac{1}{2}$ *d.* . . . . 29 | 14 | »

Dépenses. — Un labour profond, deux *id.* ordinaires,
trois hersages, engrais,   *l.*   *s.*   *d. st.*
binages; rente etc.. . . .   5   9   10 $\frac{1}{2}$
— Usé des animaux, etc. .   1   10   .4 $\frac{1}{2}$
                                ____
                                      7   »   3
                                ____
Profit. 22   13   9

O B S E R V A T I O N S.

Succédant à une récolte de carottes, sur une terre copieusement engraissée, cette récolte devait être fort belle, et elle le fut en effet. Lorsque la terre avait reçu un labour profond en automne, ou même au printems, j'ai quelquefois semé et hersé après un labour ordinaire : les récoltes ont toujours été bonnes, mais jamais elles n'ont pu égaler celle-ci. Dans cette culture, la terre des couches, tant supérieures qu'inférieures, se trouve mêlée avec le fumier, et les carottes peuvent alors s'étendre dans un lit de terreau meuble et amendé : tel est l'avantage que l'on trouve à cultiver des carottes plusieurs fois de suite sur le même terrein. Certains auteurs ont vanté les immenses profits qu'on retire de certaines récoltes, telles que la réglisse, la garance, le houblon, la guède, etc. Je sais que le bénéfice qu'on retire, année commune, du houblon, n'égale point celui qu'on retire des carottes; d'ailleurs il ne vient point sur des fonds graveleux. J'ai cultivé de la

garance, et jamais elle n'a réussi sur les terreins
que j'occupais ; mais en supposant qu'elle m'eût
donné des produits aussi immenses que ceux dont on
trouve les détails dans les livres, la préparation et
la croissance de cette plante prennent quatre années; si elle produit alors 100 livres par acre (les
écrivains ne parlent point d'une plus forte somme),
c'est 25 livres par année ; mais comme la culture
de la garance est plus dispend euse, je ne vois pas
sur quoi l'on peut fonder la prétendue supériorité de
cette récolte. Je présume de plus, ne voyant encore
ici que des assertions vagues, qu'on ne rencontre pas
une acre sur cinq mille, qui produise une valeur de
100 livres. Quant à la réglisse et à la guède, je n'ai
sur ces deux plantes aucune expérience. Sur un bon
sol bien engraissé les pommes de terre surpassent,
dit-on, les carottes, je le crois; mais sur les miens,
elles ont toujours eu moins de succès.

**EXPÉRIENCE, N°. 9. — *Un rood dans le champ
M*, 1767.***

Ce terrein produisit, en 1765 et 1766, des carottes. (*Voyez* les Expériences, N°. 2 et 5). Quand
la dernière récolte fut enlevée, je donnai, comme
de coutume, un labour qui pénétra cette fois jusqu'à
seize pouces de profondeur, et laissai la terre en cet
état pendant l'hiver. Au commencement de mars,
j'y mis cinq charges de fumier, qui furent enterrées
par un labour ordinaire. La terre fut hersée deux
fois, semée, et la graine recouverte par un troisième
hersage. Les plantes vinrent bien et régulièrement,
et j'eus la satisfaction de voir que les mauvaises herbes y étaient en très-petit nombre, en comparaison

des années précédentes. On y distinguait aisément les plantes ; ainsi il fut aisé de les biner , ce qui fut exécuté avec des houes larges ; les intervalles étaient de douze à dix-huit pouces. Au commencement de juillet, second binage qui laissa la récolte parfaitement nette : on n'eut plus qu'à y sarcler quelques mauvaises herbes qu'on y vit paroître çà et là.

Les carottes furent arrachées à la fin de septembre. Produit, cent quarante bushels, ce qui fait cinq cent soixante par acre. Elles furent données, comme au N°. 8, à différens animaux.

	l.	*s.*	*d. st.*
Produit par acre. — Cinq cent soixante bushels, à 1 *s.* 1 *d.*	30	6	8

	l.	*s.*	*d. st.*
Dépenses. — Un labour profond , deux *id.* ordinaires , trois hersages , engrais , binages ; rente, etc. . .	5	13	$10\frac{1}{2}$
— Usé des animaux, etc. .	1	10	$4\frac{1}{2}$
	7	4	3

	l.	*s.*	*d. st.*
Profit.	23	2	5

O B S E R V A T I O N S.

Je regarde cette expérience comme une des plus précieuses que je puisse mettre sous les yeux du public. Il en résulte clairement que la culture des carottes peut être continuée avec un profit extraordinaire, pendant trois ans, sur le même terrein. Un fermier peut n'avoir qu'un champ qui soit propre à la culture de cette racine, et négliger d'en semer deux années de suite , dans la persuasion qu'elles ne réussiraient point la seconde ; ce serait , comme on le voit , une fausse idée : ce fermier devrait au contraire se déterminer à semer son champ, tous les ans, en carottes; outre l'immense bénéfice qu'il retirerait de cette culture, sa terre irait en s'améliorant chaque année par l'effet des labours profonds, des engrais répétés et des binages; il y verrait diminuer progressivement le nombre des mauvaises herbes, et chacune de ses récoltes serait conséquemment moins dispendieuse. Le présent essai prouve irréfragablement que la terre s'améliore ainsi pendant trois ans, et il n'y a pas lieu de douter que la même cause ne doive produire constamment un semblable effet.

OBSERVATIONS GÉNÉRALES.

J'ai trouvé la culture des carottes si productive, que je crois ne pouvoir en exposer trop clairement les détails. C'est assurément un des plus importans articles de l'agriculture moderne, et quiconque s'intéresse à ses progrès, doit désirer que cette culture se propage. Ce sera lui faire faire un grand pas vers ce but, que d'arrêter ici les résultats de ces expériences qui, en indiquant aux cultivateurs plusieurs erreurs à éviter, leur offriront à choisir entre plusieurs modes celui qui leur semblera le plus avantageux.

Dépenses.

Sur ces neuf expériences, la dépense, *par l.   s.   d. st.*
acre, monte en totalité à la somme de. . 49   6 11

Par acre, 5 *l.* 9 *s.* 8 *d.* (330 fr. et plus, par hectare.)

Cette somme ne peut paraître exorbitante, si l'on considère qu'elle comprend la rente, les frais du labour profond, ceux des binages et des engrais. Ce

n'est point aux cultivateurs qui n'oseraient dépenser
5 livres sterl. sur une acre, que je recommande la
culture des carottes ; il faut absolument y renoncer,
ou savoir dépenser cette somme. Plus vous dépense-
rez à préparer et à nettoyer la terre, plus vous en
retirerez de bénéfice. On ne doit jamais s'écarter de
ce précepte. Cette culture est assurément fort dispendieuse, et ceux qui, par cette seule raison, la
rejetteront, feront bien de ne la point entreprendre.
On peut diviser l'article des dépenses de la manière
suivante :

Récoltes engraissées.

	l	*s*	*d. st.*
Sur les N°⁵. 4 , 5 , 6 , 8 , 9 , la dépense est de	31	2	4

Par acre, 6 *l.* 4 *s.* 5 *d.* (375 fr. et plus par hectare.)

Récoltes non engraissées.

Sur les N°⁵. 1 , 2 , 3 , 7 , elle est de. . . .	18	4	7

Par acre, 4 *l.* 11 *s.* 2 *d.* (275 fr. et plus, par hectare.)

La différence n'est pas grande entre les dépenses
de ces deux articles, comparées à leurs avantages
respectifs. Il faudrait que le fermier fît des dépenses
beaucoup plus fortes, s'il n'avait pas une cour de
ferme bien établie qui lui fournît des engrais en
abondance et à bon marché.

Produit.

Des neuf expériences, trois mille cent huit	*l.*	*s.*	*d. st.*
bushels, ou boisseaux anglais.	168	»	8

Par acre, trois cent quarante-cinq bushels, 18 *l.* 13 *s.* 5 *d.*

Ces produits sont tous extraordinaires. Quelle autre récolte donne en produit moyen 1 guinées de
bénéfice par acre (ou plus de 1000 fr. par hectare)?

On remarquera que les expériences des N°°. 3 et 6
ont été faites sur des loams argileux. Leur infériorité
fait voir que, si les carottes sont avantageuses sur
tous les sols, c'est particulièrement sur les terreins
secs qu'elles réussissent. Dans la comparaison suivante, je mettrai ces deux articles de côté.

Récoltes engraissées.

Le produit par acre des N°°. 4, 5, 8, 9,
   monte à dix-neuf cent quatre-vingt-douze   *l.*   *s.*   *d. st.*
   bushels.   110   16   4

Produit moyen par acre, quatre cent quatre-vingt-dix-huit
   bushels, 27 *l.* 14 *s.* 1 *d.*

Récoltes non engraissées.

Les N°°. 1, 2, 7, ont produit par acre, huit   *l.*   *s.*   *d. st.*
   cent quatre bushels.   40   12   *"*

Prod. moyen, deux cent soixante-huit bushels, 13 *l.* 10 *s.* 8 *d.*

Récoltes engraissées, quatre cent quatre-   *l.*   *s.*   *d. st.*
   vingt-dix-huit bushels.   27   14   1
Récoltes non engraissées, deux cent soixante-huit bushels.   13   10   8

Supériorité des premières, deux cent trente.   14   3   5

Ces résultats sont dignes d'attention. On voit ici
combien il est important d'engraisser richement pour
les carottes. Il est vrai qu'une partie de cette supériorité est due à une autre cause, comme on va le voir.

Récoltes successives.

bushels.

N°°. 2 produit.	. . .	294	profit. .	13	19	6
5.	. . . . .	468.	. . . .	25	7	*"*
9.	. . . . .	560.	. . . .	30	6	8
N°°. 4.	. . . . .	436.	. . . .	25	8	8
8.	. . . . .	528.	. . . .	29	14	*"*

Cette progression est peut-être le point de vue le plus important sous lequel on puisse envisager ces expériences. Il est utile sans doute de connaître qu'on peut avec succès introduire les carottes dans un assolement ; mais apprendre de l'expérience que la même terre peut en produire pendant plusieurs années successives, avec un bénéfice toujours croissant, jusqu'à ce que le produit monte à 30 livres par acre, cette découverte me paraît ouvrir, dans la carrière de l'agriculture, un chemin qui jusqu'à présent avait été inconnu. Un fermier peut, en consacrant à la culture des carottes une petite portion de sa terre, se procurer annuellement une quantité suffisante de nourriture d'hiver pour entretenir le nombre de bestiaux que comporte l'étendue de son pâturage, et recueillir beaucoup d'engrais. Il n'est point d'usage auquel on ne puisse employer avantageusement les carottes. Avec cette culture, on peut obtenir plus de profit d'un seul champ, qu'on n'en obtient communément de tous les champs réunis d'une ferme. On donne des carottes aux chevaux, et elles leur tiennent lieu d'avoine ; on en engraisse des bœufs et des cochons ; on en nourrit des vaches, de jeune bétail et des truies cochonnières, et dans tous ces emplois, aucun autre végétal ne les égale. La facilité qu'elles donnent au fermier d'entretenir de nombreux troupeaux, est pour lui comme le voisinage d'une ville, d'où il pourrait tirer presque pour rien les meilleurs engrais.

Profit.

	l.	*s.*	*d.*	*st.*
Sur les neuf expériences réunies.	118	3	9	$\frac{1}{2}$

Profit moyen , 13 *l.* 2 *s.* 7 *d.* (800 fr. et plus , par hectare.)

Tel est, l'un dans l'autre, le profit par acre, retiré de neuf récoltes d'essai, dans la conduite desquelles quelques erreurs furent commises, et dont deux furent faites, comme je l'ai dit, sur un sol fort inférieur aux autres.

En divisant encore le tableau des profits sous le rapport de la qualité du sol, nous trouvons les résultats suivans :

Loam argileux.

	l.	s.	d. st.
Profit sur les Nᵒˢ. 3 et 6.	8	7	1

Profit moyen, 4 *l.* 5 *s.* 6 ½ *d.* (256 fr. par hectare.)

Loam graveleux.

	l.	s.	d. st.
Profit sur les Nᵒˢ. 1, 2, 4, 5, 7, 8, 9. . . .	109	16	7 ½

Profit moyen, 15 *l.* 13 *s.* 9 ½ *d.* (près de 1000 fr. par hectare.)

Cette différence montre assez clairement que les deux essais faits sur le loam argileux ne doivent pas être confondus avec les autres. Divisons encore ces derniers.

Loams graveleux engraissés.

	l.	s.	d. st.
Profit sur les expériences Nᵒˢ. 4, 5, 8, 9. .	84	13	9

Profit moyen, 21 *l.* 3 *s.* 5 *d.* (1300 fr. et plus par hectare.)

Loams graveleux non engraissés.

	l.	s.	d. st.
Profit sur les expériences Nᵒˢ. 1, 2, 7. . .	25	2	10 ½

Profit moyen, 3 *l.* 7 *s.* *d.* (200 fr. par hectare.)

	l.	s.	d. st.
Sur les loams graveleux engraissés. . . .	20	3	5
Sur les mêmes loams non engraissés . . .	8	7	7
Supériorité des premiers, ...	12	15	10

Cette

Cette comparaison n'a pas besoin de commentaire ; cependant j'observerai qu'il n'est aucune partie du royaume où le fumier coûte assez cher pour que cette difficulté puisse rien déranger à ces proportions. Supposons qu'un fermier fût obligé d'acheter tous ces engrais, au lieu de les recueillir sur sa ferme, les produits sont si considérables, qu'il lui resterait encore, ses engrais payés, un très-grand bénéfice.

Dans les récoltes qui se succèdent, le profit suit aussi la gradation du produit. En supposant qu'il soit, année commune, de 20 liv. par acre, quel est l'agriculteur, depuis le simple fermier jusqu'au Pair d'Angleterre, auquel cette perspective puisse être indifférente ? Il importe également à l'un, de connaître qu'on peut, avec les carottes, faire 20 l. de profit sur un acre de terre, et à l'autre, qu'on peut en faire deux mille sur cent acres. Je ne connais aucune partie du royaume où l'on ne rencontre pas de grands espaces de terre qui seraient très-propres aux carottes, ou du moins, aussi propres que les champs où les précédentes expériences ont été faites. Outre qu'il n'est point de culture qui donne autant de profit que celle-ci, on remarquera encore qu'il n'en est point de plus sûre, de plus indépendante des saisons. Il ne m'a pas manqué une seule récolte ; la graine vient fort bien, et les jeunes plantes n'ont rien à craindre que les mauvaises herbes. Si un fermier est déterminé à tout faire pour en purger sa terre, il est sûr du succès.

Outre le profit que donne immédiatement au fermier la culture des carottes, les avantages collatéraux qu'il en retire, sont de la plus haute importance. La consommation de ces racines, lui donne au moins le double du fumier nécessaire pour engraisser la terre qui les a produites : ainsi, celui qui aura constamment vingt acres de carottes, pourra engraisser tous les ans vingt autres acres ; et l'on peut aisément se figurer en quel état doit être une terre la troisième année, après avoir reçu trois labours profonds, trois engrais et neuf ou dix binages. Il n'est point en agriculture de moyen plus sûr de porter la terre d'une ferme au plus haut degré de fertilité.

N°. 8.

EXPÉRIENCES de M. ARBUTHNOT, sur la manière de semer les carottes dans les fromens et les seigles.

EN 1768.

VOICI un des essais les plus encourageans et les plus décisifs que l'on ait faits en Angleterre. M. Young, qui l'a connu, ne paraît pas avoir senti toute son importance.

M. Jean Arbuthnot, écuyer, de Ravensbury, dans le comté de Surey, a enrichi le Voyage de M. Young dans l'est de l'Angleterre, d'un très-bon *Mémoire sur la Charrue*, et du détail circonstancié de plus de cent expériences qu'il avait faites ; 1°. sur la manière de mettre une terre en pré, 2°. sur la culture de la luzerne ; 3°. sur la culture de la garance ; 4°. sur la culture de plusieurs plantes par rangées ; 5°. pour connaître avec certitude le meilleur assolement, ou la meilleure succession des objets de culture , que les Anglais appellent *Cours de récoltes* ; 6°. sur divers objets mêlés ; 7°. enfin, sur les instrumens aratoires. M. Arbuthnot, inventeur d'une charrue, qui n'est peut-être que trop savante et trop compliquée, a de grands droits à la reconnaissance publique et à la confiance des cultivateurs.

Les Num. 106 et 107 de ses expériences sont reratifs aux carottes.

Par son expérience, N°. 106, qui consistait à transplanter, vers le milieu de mai, des carottes semées en mars, M. Arbuthnot avait voulu parer à l'inconvénient qui résulte des frais excessifs du binage de ces plantes. Cette méthode lui en aurait sauvé une partie; mais il éprouva une autre difficulté dans la transplantation. En arrachant les jeunes carottes, qui avaient deux pouces de haut , les extrémités des racines se cassaient. Celles que l'on put transplanter réussirent, elles pesaient jusqu'à trois livres ; mais elles fourchaient ou se divisaient en plusieurs racines, comme celle qui est gravée dans les *Ephémérides des curieux de la Nature*, et qui représente une main d'homme.

M. Arbuthnot s'y prit mieux , pour épargner les premières dépenses du binage, dans une expérience, empruntée de ce qui se fait dans la ci-devant Belgique.

Expérience N°. 107.

M. Arbuthnot avait observé , dans l'est de la province de Frize, qu'on était dans l'usage de semer des carottes, au printemps, sur du froment et du seigle , et de couvrir la semence par un hersage ; il résolut, en 1768, d'en faire l'essai. La terre était un loam fort sur argile; il sema en mai (floréal),

une rangée de carottes entre deux rangées de froment, à la distance de quatorze pouces (ou quatre
décimètres), sur des planches de trois pieds et
demi (de plus d'un mètre); il en sema aussi à la
volée sur plusieurs acres. Sa graine de carottes était
mêlée avec du son, afin que la charrue à semoir la
distribuât plus régulièrement. Après qu'on eut scié
le froment, les carottes furent binées. Le produit
fut de quarante boisseaux anglais par acre de mille
soixante-cinq toises; (le bushel ou boisseau anglais
équivaut à trois décalitres et demi, et l'acre à quarante ares, comme on l'a déjà dit).

Il croit que cet usage peut être bon sur les sols
légers et profonds.

Dans la province de Frize, on déterre les carottes
avec la charrue et on les loge sous un toit; ou bien,
on met des cochons dans le champ, et on les leur fait
manger sur place.

Sur cette expérience, voici les observations de
M. Young :

« La racine des carottes est pivotante, et ne peut,
selon toute probabilité, causer un grand dommage
au froment ; ce dommage, du moins, ne mérite
pas qu'on en parle, lorsque le produit des carottes
est de quarante bushels par acre. Elles valent au
moins 1 sou le bushel (ou 1 franc le demi-quintal),
si on les emploie à nourrir du bétail : ce qui fait
40 liv. sterl. par acre, ajoutées à la valeur du froment. Il faut encore observer qu'elles ne furent ici
semées qu'en mai ; c'est au moins deux mois trop
tard ; de plus, que le sol était très-compacte, tandis qu'il est notoire que cette racine se plaît sur-tout
dans les sols légers. Au total, il y a lieu de présumer
que les carottes prospéreront dans tous les sols,

Il faut considérer encore que, si l'on suit cette méthode, la terre destinée à la culture des carottes doit nécessairement recevoir à la Saint-Michel (29 septembre, ou 6 vendémiaire), un labour, qu'autrement elle n'aurait peut-être pas reçu ».

M. Arthur Young, qui regrette beaucoup de n'avoir pas vu la Belgique, aurait trouvé dans ces contrées la pratique immémoriale de semer au printems la graine de carottes dans le seigle d'automne. Il y a même, à cet égard, bien des particularités qui rendent cet usage plus admirable encore. On peut voir dans *la Feuille du Cultivateur* (Introduction, page 225), l'article intitulé : *De l'agriculture à Saint-Nicolas, principal lieu du pays de Vaës, en Flandre.* Saint-Nicolas est situé sur la rive gauche de l'Escaut, entre Anvers et Gand ; c'est un village de dix à onze mille habitans, qui fait partie du département de l'Escaut, et qui a une justice de paix, de l'arrondissement de Termonde.

Il n'est pas de mon sujet de copier la description de ce canton, si remarquable par son agriculture. Chacun y est heureusement le maître d'adopter tel genre de culture qu'il veut, soit d'après ses vues, soit d'après la nature de son sol. Cependant, l'assolement le plus usité est le suivant :

Première année : du seigle, semé au mois d'octobre (vendémiaire). Au mois de mars (ventôse) suivant, on y met des carottes. Ce n'est pas tout, quand le seigle est coupé, on sème des raves ordinaires, très-épais, au milieu des carottes.

Deuxième année : du chanvre, semé en avril (germinal), et au milieu du chanvre, on sème du trèfle ; quand le chanvre qu'on étend dessus, ne fait aucun tort. On fauche le trèfle une fois cette année.

Troisième année: du trèfle, qu'on fauche trois fois.

Quatrième année : du trèfle qu'on défriche pour y semer du seigle.

Cinquième année : du seigle, sur lequel on sème de nouveau des carottes et ensuite des raves.

Sixième année : de l'avoine.

Septième année : du blé-sarrasin.

Les carottes sont regardées comme une excellente nourriture pour les chevaux, les vaches, les cochons, et conséquemment on en cultive beaucoup. C'est pour le même usage que l'on sème les raves parmi les carottes.

Ce pays, fort humide, est coupé de fossés et de plantations de peupliers et d'aulnes entre les peupliers. Les terres du pays de Waës ne sont pas très-fertiles ; mais le sol en est labouré et sur-tout engraissé avec un soin particulier. Dans tout le district de Waës, il n'y a pas un pouce de terre qui ne soit cultivé à la bêche tous les sept ans. Il n'est pas étonnant que ces cantons, moins favorisés de la nature que beaucoup d'autres, mais mieux cultivés et amandés, donnent des récoltes plus abondantes que ceux dont le sol est beaucoup plus fertile. C'est la réflexion de M. de Beunie, dans les *Annales d'Agriculture* de M. Young.

J'espère que je pourrai donner des détails plus récens et plus certains sur la culture des carottes dans la ci-devant Flandres. Je les ai demandés à deux hommes très-distingués par leur zèle et leurs connaissances en administration et en économie politique, MM. Faypoult et Dieudonné, préfets des départemens de l'Escaut et du Nord.

N°. 9.

MÉMOIRE sur l'engrais des Porcs avec les Carottes, lequel eut le prix à Londres.

EN 1769.

Voici le titre de l'ouvrage :

An Essay on the menagement of hop, etc.

Essai sur la meilleure manière d'élever et de nourrir les porcs, contenant des expériences sur la meilleure méthode de les engraisser; Mémoire auquel la Société pour l'encouragement des Arts, des Manufactures et du Commerce, a adjugé pour prix une médaille d'or. (*Londres, Nicoll,* 1769).

L'auteur de ce Mémoire prouve, d'après l'expérience, qu'il n'y a rien qui engraisse plus sûrement et à moins de frais les cochons, que les carottes cuites.

Cet auteur est le même M. Arthur Young, que nous avons déjà si honorablement cité.

Ce n'est pas ici qu'il convient d'extraire son Mémoire, qui doit trouver sa place dans ce que je compte publier sur la nécessité et les moyens d'entretenir et d'engraisser des porcs en plus grand nombre qu'on ne le fait dans nos campagnes.

Il suffit d'observer que sur toutes les plantes dont M. Young s'est servi dans cette vue utile, les carottes bouillies ont eu constamment l'avantage pour élever les jeunes porcs et pour les engraisser ensuite.

Les petits porcs ont pu être sevrés sans lait, au moyen des carottes.

E 4

Plusieurs expériences prouvent que , pour les engraisser, le méteil est moins coûteux que les pois ; que le blé noir ou sarrasin vaut encore mieux que les pois ; que les carottes sont les plus profitables, mais que ces végétaux, mêlés , valent mieux queséparés.

D'autres essais postérieurs roulent sur les pommes de terre , sur les topinambours , sur le colsa , sur la farine de pois et d'orge , fermentée et aigrie.

On verra ci-après l'expérience de **M.** Hutcheson Mure , en 1782 , sur la comparaison des pommes de terre et des carottes ; expérience qu'on peut citer comme un modèle. On verra aussi d'autres expériences de nos Français.

Les panais bouillis sont fort vantés par **M.** Young pour nourrir les cochons, quoiqu'il n'ait pas trop bonne opinion des panais. Mais ses expériences , à ce sujet , faites en petit , ne sont pas concluantes. Les panais viennent dans un sol où les carottes ne prospèrent pas. Il est intéressant de savoir à quoi s'en tenir sur leur produit. Je donnerai ci-après des détails sur leur culture , telle qu'elle est encore usitée aux environs de Morlaix , département du Morbihan.

N°. 10.

RÉSULTATS généraux de toutes les expériences sur la culture des carottes , dans l'est de l'Angleterre.

EN 1770.

C'EST M. Arthur Young, auteur de ce Voyage dans l'est de l'Angleterre , qui nous communique ses observations générales sur les carottes.

« J'ai trouvé, dit-il, dans le cours de mon voyage, un si grand nombre d'expériences sur cet excellent végétal, qu'il y a tout lieu de croire qu'il sera bientôt, comme tout le monde doit le désirer, un article usuel de notre agriculture. Il est peu d'endroits où on l'ait abandonné après en avoir fait l'essai, et quiconque sera disposé à lui rendre justice, dira qu'il n'est point au monde de récolte qui rapporte plus de profit que les carottes ».

Sur ce préambule, les estimables traducteurs de M. Young disent qu'il n'y a point de doute raisonnable à élever sur l'utilité et l'avantage de la culture champêtre des carottes. L'essai fait en France, depuis peu d'années (ou pour mieux dire, depuis un tems immémorial, et bien avant les Anglais, dans l'Alsace et dans la Flandres), a pleinement justifié l'excellence de cette culture ; et son emploi a prouvé combien cette racine est nourrissante pour toute espèce de bétail, et salutaire sur-tout pour les chevaux soumis à un travail pénible, ou qui sont malades, ou épuisés par de longues routes. Mais en lisant, dans M. Young, la méthode anglaise de cultiver les carottes en plein champ, le fermier peut être effrayé des frais qu'elle occasionne, et craindre de ne pas recueillir les profits qu'on lui fait espérer. A cet égard, les traducteurs observent que la culture anglaise exige plus de frais que la nôtre, à cause de la nature du sol et du climat. En général, ce sol est tenace, argileux, crayeux et humide. Un sol de cette nature exige de fréquens labours, 1°. pour l'atténuer, 2°. pour favoriser l'évaporation de l'humidité superflue, nuisible à la végétation. En France, le sol est, en général, d'une nature plus légère, et moins humide, le climat plus sec. Il y a donc une grande économie à faire sur les labours. Quant aux engrais, il y en a peu. Si les premières récoltes sont

peu abondantes, les suivantes le seront davantage,
parce que leur consommation augmentera la masse
des engrais. Nous avons de grandes étendues de
terrein où la culture des carottes remplacerait l'année de jachère, de la manière la plus utile à la production des grains. Pour se livrer à cette pratique,
il faut du bétail pour la consommation, et pour
fournir les engrais nécessaires à cette culture. (Je
pousserai plus loin, par la suite, les réflexions qu'on
peut faire sur l'utilité de cette culture en France. Il
s'agit d'entendre ici M. Young lui-même, en observant que ses calculs sont sur-tout copiés ici pour servir de modèle à ceux de nos cultivateurs qui voudront rendre compte aux autres, et se rendre compte
à eux-mêmes, de leurs essais d'agriculture. Peu
d'expériences physiques offrent plus d'intérêt, quand
elles sont aussi bien détaillées.)

« La première chose à examiner ici, est la valeur
des carottes. Les articles de mon Journal ne contiennent pas tous cette information essentielle. Plusieurs aussi la contiennent ; mais ici l'évaluation est
faite par tons (le ton, ou tun, est un tonneau d'environ vingt quintaux, ou mille kilogrammes) ; là,
elle est faite par bushels. Je vais donner l'une et
l'autre, en comptant le bushel à cinquante-six livres
pesant, ce qui est le moyen terme entre un grand
nombre de bushels que j'ai pesés moi-même : (la
livre anglaise n'est que de quatorze onces, de l'ancien poids de marc de France. Ainsi le bushel, ou
boisseau, pesant cinquante-six livres anglaises, ne
représente qu'un demi-quintal, ou à-peu-près cent
kilogrammes). Les prix marqués par un astérique,
sont ceux qu'on trouve énoncés dans mes notes ; les
autres sont ceux que je donne par estimation ».

	VALEUR par ton.				VALEUR par bushel.		
	l.	s.	d.	st.	s.	d.	st.
MM. Cope, prix de vente. . . .	1	»	»		»	6	*
Mellish, *idem.*	1	»	»		»	6	
Stovin, engrais de cochons.	4	»	»	*	2	»	
Moody, engrais de bœufs. .	1	»	»	*	»	6	
A Woodbrige, p. de vente. .	1	»	»		»	6	*
Acton, *idem.*	1	6	8		»	8	*
Taylor, évaluation. . . .	1	»	»	*	»	6	
Legrand, engrais de moutons.	»	14	»	*	»	4 $\frac{1}{4}$	
J. Mill, engrais de cochons.	1	6	8		»	8	*
Prix moyen.	1	7	5 $\frac{3}{4}$		»	1 $\frac{1}{4}$	

Je remarquerai sur cette table, que l'on ne doit
pas rejeter comme exagéré, l'article de M. Stovin.
Son expérience a été faite avec beaucoup de soin et
d'exactitude, et elle ne présente aucune ambiguïté.
Vingt-six cochons furent achetés maigres, et furent
rent revendus après avoir été engraissés avec des
carottes. De toutes les manières de constater la valeur
leur d'une de ces récoltes, celle-là est la plus sûre.
Les carottes ont aussi été pesées, et non pas mesurées.
rées. On sait que le mesurage n'est pas toujours
exact. Je remarquerai que l'infériorité des autres
valeurs n'est pas une raison de révoquer en doute
la réalité de celle-ci; car l'emploi de la récolte ne
fut pas le même. M. John Mill donna ses carottes
à des cochons, mais il les donna crues. M. Stovin
donna les siennes bouillies. Si rien ne prouve absolument
lument que cette différence puisse en occasionner
une si grande dans le bénéfice, rien, du moins

jusqu'à présent, n'atteste le contraire. Le prix de 4 liv. par ton, ou de 2 sous par bushel, ne doit donc pas être regardé comme une exagération, et la supériorité de ce prix, relativement aux autres, ne doit être attribuée qu'à la précaution prise de donner aux cochons les carottes *bouillies*.

Carottes bouillies pour les cochons.

	l.	s.	d. st.	s.	d. st.
M. Stovin.	4	n	n	2	n

Données crues aux cochons.

	l.	s.	d. st.	s.	d. st.
M. John Mill.	1	6	8	n	8

Employées à engraisser les bœufs.

	l.	s.	d. st.	s.	d. st.
M. Moody.	1	n	n	»	6

Employées à engraisser des moutons.

	l.	s.	d. st.	s.	d. st.
M. Legrand.	n	14	n	»	4

Prix de vente.

	l.	s.	d. st.	s.	d. st.
MM. Cope.	1	n	n	n	6
Mellish.	1	n	n	n	6
Woodbridge.	1	n	n	n	5
Acton.	1	6	8	n	8
Prix moyen de vente.	1	1	8	n	$6\frac{1}{2}$

Employées à nourrir les chevaux.

	l.	s.	d. st.	s.	d. st.
M. Taylor.	1	2	n	n	6

Je vais donner, en second lieu, les produits tant par tons que par bushels. Les articles marqués d'un astérique, sont ceux qui se trouvent énoncés dans mon Journal : j'ai calculé les autres à cinquante-six livres pesant chaque bushel.

		tons.	bushels.
MM. Cope.	*	21	840
Mellish.	*	20	800
Warton.	*	20	800
Stovin.	*	6 $\frac{1}{2}$	260
Moody.	*	22 $\frac{1}{2}$	900
Fellowes.		14 $\frac{1}{2}$	576 *
A Sax-Mundham.		20	800 *
A Woodbridge.		17	698 *
MM. Acton.		21 $\frac{1}{2}$	862 *
Hilton.		25	1000 *
Taylor.	*	11	440
Legrand.	*	25	1000
John Mill.	*	17 $\frac{1}{2}$	700

	tons.	quint.	bushels.
Produit moyen.	18	12	744

Ces produits sont forts. Dix-huit tons (trois cent soixante quintaux par acre de mille soixante-cinq toises, ou quarante ares ; ce qui fait neuf quintaux pesant de carottes par are, ou perche nouvelle), dix-huit tons, dis-je, d'une nourriture aussi riche et aussi solide, doivent faire du profit, soit qu'on les emploie à l'engrais ou à la nourriture des animaux. Nous avons, en deux ou trois articles, l'exacte vérité sur ce point.

Dans la ferme de M. Moody, vingt tons de carottes ont engraissé, dans l'espace de quatorze semaines, quatre bœufs, pesant l'un dans l'autre quatre-vingt-quinze stones de quatorze livres (onze à douze quintaux). Chaque bœuf a mangé de plus sept livres de foin par jour.

Mais comme la saison convenable pour l'engrais
des bêtes à cornes dure depuis le premier novembre
(10 brumaire) jusqu'à la fin de mars (10 germinal),
ou à-peu-près, ce qui peut être compté pour vingt
semaines, il s'ensuit qu'une acre de dix-huit tons et
douze quintaux, engraissera complètement à-peu-
près trois bêtes à cornes dans cet espace de tems.
Ceci n'est, comme on voit, qu'une approximation.
Il en résulte que si les carottes sont employées à
l'engrais des bœufs, il faut que le fermier se procure environ trois de ces animaux par acre (ou par
deux cinquièmes d'hectare). Il en coûtera, pour le
seul achat de ces animaux, environ 40 livres sterl.
(800 francs) par acre, sans compter le foin qu'on
ajoute aux carottes. Ceci montre clairement qu'on
ne peut entreprendre de cultiver des carottes, dans
la vue d'en engraisser des bœufs, si l'on n'a pas
une grosse somme d'argent à sa disposition.

Quant à l'emploi qu'on en peut faire pour engraisser des bêtes à laine, M. Legrand nous apprend, d'après ses essais, que vingt moutons, pesant chacun trente livres par quartier, vont manger, par semaine, un ton de carottes et quatre quintaux de foin, et qu'ils sont vingt semaines à s'engraisser. Un moyen acre fournira donc la nourriture suffisante à l'engrais de dix-huit moutons et
demi. En évaluant chaque mouton à 25 sous sterl.,
la dépense à faire est de 23 liv. sterl. par acre, sans
compter le foin.

Le même M. Legrand nous apprend aussi que
quatre chevaux mangent un ton de carottes par
semaine ; mais à Woodbridge, ils n'en donnent à
quatre chevaux que quatorze quintaux par semaine.
Le milieu entre ces deux quantités est dix - sept

quintaux. Les dix-huit tons et demi, produit moyen d'un acre, nourrissent donc un attelage de quatre chevaux pendant vingt-une semaines, c'est-à-dire, depuis le premier novembre (10 brumaire) jusqu'à la fin de mars (10 germinal). Encore sept semaines, c'est-à-dire, un tiers de cette durée, les condui-roient à la saison où l'on peut faire usage de la luzerne. Ainsi, un acre et un tiers en carottes est suffisant pour nourrir, tout l'hiver, quatre chevaux sans avoine. Cet article est fort important.

M. Cope, d'Arnold, donne à chacune de ses vaches laitières, deux bushels (un quintal) de carottes par jour ; c'est un ton et demi par mois. Une vache en mangera donc neuf tons dans un hiver de six mois ; conséquemment un acre nourrira deux vaches tout l'hiver ; mais il ne résulterait aucun profit d'un semblable arrangement ; car une vache mangerait ainsi, dans un hiver, une valeur de 12 liv. sterl. Ce serait une folie, que de donner à une vache, seulement pour la substanter et l'entretenir, une quantité de nourriture précieuse, dont on peut en-graisser un bœuf. Le beurre, en ce cas, reviendroit peut-être à 5 ou 6 francs la livre. Le bœuf engraissé donnerait, au contraire, beaucoup de profit. Je n'ai jamais vu de vache bien nourrie en hiver, si ce n'est avec de la paille, sans qu'il fût évident pour moi que chaque jour le fermier devait nécessairement être en perte sur cet article. Si elles vêlent de bonne heure, on est obligé de les nourrir, ou avec du foin, ou avec du fourrage vert. Quant au premier, elles n'en peuvent jamais payer la valeur ; je doute fort même qu'elles puissent payer celle des turneps.

On voit, d'après ces données, qu'un homme peut, avec une petite quantité de terre, cultivée en carottes, nourrir de grands troupeaux de bétail. Supposons par exemple, qu'il en ait dix acres (quatre hectares ou huit grands arpens anciens) chaque année, et qu'il entretienne huit chevaux, les carottes peuvent être distribuées de la manière suivante : pour huit chevaux, deux acres et deux tiers (un peu plus d'un hectare); pour soixante moutons, trois acres et un tiers (près d'un hectare et demi); pour douze bœufs, quatre acres (un hectare et soixante ares).

Dans quel autre système de culture, dix acres (quatre hectares) de terre nourriront-ils en hiver huit chevaux, et engraisseront-ils douze bœufs de quatre-vingt-quinze stones (ou de onze à douze quintaux chaque), et soixante moutons de la valeur de 45 francs pièce ?

Je vais examiner, dans le tableau ci-après, les dépenses, la valeur des récoltes, et le profit de cette culture.

| | RENTE. | | | DÉPENSES. | | | VALEUR. | | | PROFIT. | | |
| | sterl. | | | sterl. | | | sterl. | | | sterl. | | |
	l.	s.	d.	l.	s.	d.	l.	s.	d.	l.	s.	d.
MM. Cope...	»	18	»	8	9	»	21	»	»	12	11	»
Mellish..	1	»	»	6	2	»	20	»	»	13	18	»
Wharton.	2	10	»	»	»	»	27	9	»	»	»	»
Stovin.	2	»	»	»	»	»	26	»	»	»	»	»
Moody..	2	»	»	7	9	3	22	10	»	15	»	9
Fellowes.	»	16	»	5	14	»	19	18	6	14	4	6
A Saxmundham...	»	14	»	»	»	»	27	14	2	»	»	»
A Woodbridge..	1	»	»	»	»	»	17	»	»	»	»	»
MM. Acton..	»	12	6	»	»	»	18	13	4	»	»	»
Hilton..	4	»	»	9	»	»	34	6	10	25	6	10
Taylor..	1	»	»	»	»	»	11	»	»	»	»	»
Legrand.	1	»	»	9	15	3	17	10	»	7	14	9
J. Mill..	3	»	»	8	14	»	23	6	8	14	12	8
Term. moyen.	1	11	7	7	17	7	22	16	»	14	15	6

La première chose dont on sera frappé à la première inspection de cette table, est la richesse du sol
sur lequel les carottes sont cultivées ; le prix moyen
des rentes ou du bail à ferme est d'environ une gui-
née et demie. Outre que ces terres doivent être naturellement très-fertiles, quelques-unes ont encore
été copieusement engraissées. Ceci fait voir que le
grand succès de ces récoltes, tel, par exemple, qu'on
en voit ici, dépend beaucoup de la bonté du sol, soit
qu'il soit naturellement fertile, soit qu'on l'ait ferti-
lisé à force d'engrais. La terre la plus propre à la
culture des carottes est évidemment le terreau noir
et riche, le sol pouri, à 3 ou 4 livres l'acre ; c'est
ce qui produit les meilleures récoltes, ce qui n'empêche pas qu'elles ne viennent fort bien dans des
terreins d'une qualité inférieure. La rente des terres
réunies de Saxmundham, de M. Fellowes et de
M. Acton, n'est, en terme moyen, que de 14 sous
6 deniers sterlings. Cependant le produit moyen de
ces trois terres monte à 35 livres 8 sous 8 deniers
sterlings par acre, ou plus de 800 francs par deux
cinquièmes d'hectare.

La somme de 7 livres 17 sous 7 deniers sterlings,
à laquelle s'élève, en terme moyen, la dépense,
indique que la culture de cette racine est généralement active et soignée. On ne peut, en effet, s'attendre à faire d'aussi belles récoltes sans faire de
grosses avances. Il résulte de ce calcul, que quiconque voudra cultiver lucrativement dix acres (ou
quatre hectares) de carottes, doit assigner, pour la
seule culture, 78 livres 15 sous 8 deniers (19 à
2000 francs), indépendamment de la somme nécessaire pour l'achat du bétail, qui montera à 35 liv.
par acre, ou à 350 livres (9000 francs) par dix

acres. On ne peut donc attendre des fermiers ordinaires qu'ils cultivent jamais beaucoup de carottes, eux dont l'agriculture n'est, en général, si mauvaise, que parce qu'ils n'ont point assez d'argent pour suivre un meilleur système.

Le produit moyen de 22 livres 16 sous sterlings, (550 francs) et le profit net de 14 guinées (350 fr.) par acre, prouvent de nouveau l'excellence de cette culture. Quelle autre pourrait produire sur dix acres un bénéfice clair de 147 livres 15 sous (environ 3600 francs) ? L'agriculture ordinaire ne peut faire d'aussi grands profits, qu'en opérant sur une vaste étendue de terrein ; et quelle différence, quant à l'amélioration du sol, entre les effets de cette culture, qui rapporte immensément sur dix acres bien nettoyés, bien engraissés, et ceux des cultures ordinaires, qui épuisent et infectent le sol, et ne vont jamais sans des dépenses immenses, occasionnées par l'étendue même du terrein !

Mais il est un autre article encore à considérer, c'est la quantité de fumier que produit une récolte de carottes pour l'amélioration des autres champs. On a vu que, chez M. Moody, un acre (quarante ares) donnant vingt tons (ou quatre cents quintaux de carottes), employées à l'engrais des bœufs, a produit en fumier une valeur de 100 francs, déduction faite de la paille des litières. C'est donc 5 francs de plus par ton à ajouter à la valeur de la récolte.

Après avoir observé pendant quelques années, avec l'attention la plus scrupuleuse, quelle amélioration recevait son pâturage, du fumier de ses bêtes à laine engraissées avec des carottes, M. Legrand évalue cette amélioration à 3 liv. sterlings par acre de vingt tons, ce qui fait 3 fr. à ajouter au profit.

La moyenne entre ces deux sommes est de 4 fr. par ton, et conséquemment la valeur du fumier provenant de la récolte de dix-huit tons et demi, sera de plus de 60 francs.

Si l'on ajoute aux articles de la table ci-dessus, ces 4 francs par ton, le profit sera élevé de la somme de 60 francs à celle de 360 francs.

On me permettra sans doute de porter ici le fumier en ligne de compte; il fait partie du produit, comme l'argent qu'on met en caisse, et un bon cultivateur aura toujours cet objet en vue. Les meilleurs fermiers du royaume font une fort grande différence entre le prix d'une récolte de turneps enlevée pour être mangée ailleurs, et le prix de celle qu'on fait manger par les moutons, sur le champ qui l'a produite. Dans le premier cas, ils la vendent pour le moins 60 francs; dans le second, ils ne la vendent que 30 francs. Ils regardent comme une partie principale de la récolte, l'engrais qui en doit provenir. C'est aussi d'après le même calcul, qu'ils consentent à vendre pour 30 francs l'acre de turneps qui leur coûte souvent 40 ou 50 francs de plus.

On ne peut trop recommander ces récoltes sujettes au binage. Elles entretiennent en bon état les terres d'une ferme, et en augmentent la fertilité; elles sont la source des grands produits en blé, et sans elles il n'y a point de bonne agriculture.

J'observerai encore ici qu'on ne peut évaluer en totalité le bénéfice provenant des engrais, et qui va toujours en croissant de récolte en récolte.

Un profit net de dix-huit guinées (450 francs) par acre, sur une récolte qui nettoye et améliore extraordinairement le sol, est incontestablement la plus pressante invitation qui puisse être faite aux

cultivateurs dont les terreins sont des loams riches
ou sablonneux ; il paraît d'ailleurs, d'après les expériences tant de M. Moody que de M. Legrand,
qu'on peut cultiver constamment des carottes sur la
même terre, avec le même espoir de bénéfice. Un
homme qui n'a qu'un ou deux champs de très-bonne
terre, peut les mettre tous les ans en carottes ; il
trouvera cette culture particulièrement avantageuse ;
mais, pour donner un peu plus d'étendue à cette
vue, considérons que cent acres (quarante hectares
ou quatre-vingt grands arpens anciens) en carottes,
donneraient un bénéfice de 2,000 livres sterling
(50,000 francs) par an. Un semblable espace de
terrein exigerait, à la vérité, un capital de plus de
100,000 francs, approprié à cette seule culture ; mais
le profit serait de 50 pour cent par an.

Il n'est pas étonnant, d'après ces faits et ces calculs, que la Société des améliorations en agriculture
établie dans le West-Riding du comté d'Yorck et
dans le comté de Nottingham, ait compris dans le
nombre des prix d'agriculture qu'elle propose tous
les ans aux propriétaires et aux fermiers, une médaille d'or pour la plus grande quantité de carottes
qui serait recueillie sur une terre contenant au moins
deux acres, (80 ares). M. James Stovin, écuyer,
secrétaire de cette Société, remporta le prix en 1770.
C'est celui dont M. Young cite les calculs avec
éloge.

Quel encouragement, quel exemple pour nos fermiers ! Les Anglais n'ont fait qu'imiter la culture
Belgique. Ce qui se fait si près de nous, ce qui est
copié en Suisse, en Angleterre, etc. etc., avec tant
de succès, sera-t-il vu par des Français avec indifférence ?

N°. 11.

De l'excellence des Pommes de Terre et des Carottes, pour nourrir les cochons ; par M. HUTCHESON MURE, écuyer, 1782.

Extrait des Annales d'Agriculture de M. Arthur Young.

Avis de M. ARTHUR YOUNG à ses Correspondans.

L'IMPERFECTION de notre agriculture ne provient pas du défaut d'expériences, mais de la négligence des agriculteurs, qui en font journellement, sans prendre aucun soin de les faire connoître. Je ne puis pas donner une preuve plus certaine de ce que j'avance, que mon voyage dans nos îles Britanniques. A mon retour, je publiai plus de mille expériences et observations que j'avais recueillies exactement, et qui auraient été perdues pour jamais, si je n'avais pas fait ce voyage. Un cultivateur peut faire quelques expériences pour sa propre curiosité, lesquelles cependant peuvent être d'une grande importance pour le bien public, et qu'il est, par cette raison, nécessaire de connaître ; mais comment espérer qu'on les publiera : celui qui les a faites, souvent n'est pas en état d'en rendre compte. Le livre le plus utile serait celui qui faciliterait cette communication, en devenant le dépôt de toutes les expériences et des observations agricoles qu'on voudrait faire connaître au public.

Qu'il me soit permis d'observer que l'objet sur lequel nous avons le plus besoin de faire des expériences et des observations, est ce que nous nommons *récolte sur jachere* (c'est-à-dire une récolte faite sur un terrein qui, dans l'assolement ordinaire, est destiné à ne rien produire ; c'est ce qu'on appelle *alterner*). Dans cette vue, le grand usage des turneps et du trèfle est très-bien connu ; mais si nous voulons faire un pas au-delà, nous nous apercevons tout de suite que nos connaissances sont bien bornées. Les pois, les fèves, les vesces, les pommes de terre, les carottes, les panais, les choux, etc. tous ces végétaux sont dans le rang de ceux que nous connaissons peu pour alterner. Dans toute l'économie rurale britannique, il n'y a peut être pas un point plus important que celui de substituer la culture des fèves à la jachère préparatoire pour le blé. Dans les valées d'Aylesbury, d'Evesham, etc. et dans les cantons du centre de nos îles, vous voyez des jachères labourées quatre ou cinq fois, sur lesquelles on répand tout le fumier de la ferme, pour la récolte que nous nommons *sur jachère :* il est rare qu'elle rende plus que la dépense, et souvent elle rend moins. Quelle différence n'y aurait-il pas dans les profits, si, au lieu de cette récolte, on semait des fèves sur un seul labour, qu'on y mît la même quantité de fumier, et que le surplus de cette dépense fût employé à faire biner les fèves ! on aurait quatre ou cinq quarters de fèves par acre, et ensuite autant de blé, comme on aurait pu en avoir après une récolte sur jachère. Parlez ce langage à un fermier de Buckingham, il se moquera de vous et de votre théorie : proposez cette méthode à un cultivateur de Kentish, il sourira en vous entendant parler d'une chose qu'il pratique depuis cent ans. Voilà comme un pays ignore les moyens par lesquels un autre s'enrichit.

Quant aux carottes, aux pommes de terre, aux choux, etc. nous avons besoin d'expériences qui nous fassent connaître leur valeur, d'une manière non équivoque. On a déja publié quelques expériences sur ces végétaux : elles sont peu nombreuses, et l'usage de ces mêmes végétaux n'est pas assez varié. Qu'il me soit permis de réclamer des agriculteurs, la communication de leurs propres observations sur les objets suivans : 1°. quelle est la dépense pour les frais de culture de ces végétaux ; 2°. estimer leur valeur par ton ou boisseau, relativement à la nourriture ou à l'engrais du bétail ; 3°. l'effet de cette culture sur celle qui la suit.

(Cet avis de M. Young servait de préambule à l'article suivant sur l'emploi des pommes de terre et des carottes.)

De l'excellence des Pommes de Terre et des Carottes pour nourrir les cochons, par Hutcheson Mure, esq., etc.

Au mois de novembre 1782, vingt gros cochons, de quatorze à quinze mois, qui auraient pu peser, étant engraissés selon la manière ordinaire, de douze à seize stones de quatorze livres, furent mis dans une étable : dans une autre j'en mis plus de vingt qui étaient plus jeunes, qui auraient pu peser, après avoir été engraissés à l'ordinaire, huit stones ; enfin, dans une troisième je mis deux verrats, qui auraient pu peser vingt à vingt-cinq stones. Je commençai à les nourrir avec des pommes de terre et des carottes bouillies, qu'on leur donnait très-épais : le bouillon de ces végétaux était mis dans une grande auge avec de la levure de bière qui contribuait à le faire fermenter ; on leur donnait ensuite ce lavage comme des lavures de cuisine, et l'on continua pendant quinze jours environ. Quoique les cochons eussent bien profité pendant la première semaine, cependant cette nourriture semblait passer trop promptement ; de sorte que quoique chaque cochon mangeât un boisseau dans sa journée, cependant ils ne profitèrent pas assez bien pour qu'on dût continuer la même manière de les nourrir. Je changeai de méthode ; je fis laver les pommes de terre et les carottes, pour les donner crues à mes cochons ; pendant trois jours ils mangeaient d'une espèce, et ensuite de l'autre pendant trois jours. De cette manière, avec moins d'embarras et de dépense, mes cochons furent mieux qu'auparavant, et mangeaient moins. Vingt boisseaux de pommes de terre, ou vingt-six de carottes par jour, suffisaient pour nourrir quarante cochons. Une chose remarquable, est que vingt petits cochons mangeaient autant que vingt gros. On voit par là qu'il y a plus d'avantage à entreprendre l'engrais de gros cochons que de petits.

Au 6 du mois de novembre, les deux gros verrats furent jugés être les meilleurs des quarante cochons ; après eux, les vingt plus gros et les vingt petits furent trouvés les plus mauvais. Enfin ils paraissaient tous avoir profité, et promettaient de bien faire. Ils préféraient en général les pommes de terre aux carottes.

Ils furent tous pesés en vie, avec un poids propre à peser le bétail, à des époques différentes, c'est-à-dire au 10 et au 29 novembre ; au 6 décembre et au 5 janvier.

Au

	Stones.
Au 10 novembre, les vingt gros pesaient. . . .	198 (1)
Au 29 *idem*.	238
Au 6 décembre.	259
Au 5 janvier.	314

Au 10 novembre, les vingt petits pesaient. .	134
Au 29 *idem*.	164
Au 6 décembre.	172
Au 5 janvier.	183

Au 10 novembre les deux verrats pesaient. . .	41
Au 29 *idem*.	48
Au 6 décembre.	52
Au 5 janvier.	64

Il y a une différence très-grande dans la manière
dont ces cochons ont profité. Les vingt gros pesaient, au 10 novembre, deux mille quatre cent
soixante-douze livres, ou cent vingt-trois livres et
demie une once et demie chacun. Si on les avait tués
à cette époque, morts ils n'auraient pesé que seize
cent six livres, suivant la proportion du déchet, qui
est de sept vingtièmes. (Ces proportions sont établies
par l'expérience, c'est-à-dire, qu'un cochon mort,
les abattis prélevés, qui sont le sang, les boyaux,
les pieds, etc. il pèse alors sept vingtièmes de moins
qu'il ne pesait étant en vie. Ces proportions varient
suivant la grosseur de l'animal.) Au 5 janvier, ils
pesaient quatre mille trois cent quatre-vingt-seize
livres ; et morts, deux mille huit cent cinquante-
sept ; ils avaient donc gagné douze cent cinquante-
une livres, qu'ils pesaient de plus qu'ils n'auraient

(1) Il faut se ressouvenir que le stone anglais est un poids de
douze ou quatorze livres, selon les différens cantons.

pésé au 10 novembre : à 4 deniers et demi la livre , c'est 23 livres 9 sh. 2 deniers , ou 1 livre 3 sh. 6 den. par cochon. (La livre sterling vaut 25 francs.)

Les vingt plus petits, qui, au 10 novembre pesaient en vie dix-huit cent soixante-seize livres, s'ils avaient été tués, morts ils auraient pesé onze cent vingt-cinq livres, selon la proportion du déchet , qui aurait été de huit vingtièmes. Au 5 janvier, vivans ils pesaient deux mille cinq cent soixante-deux livres, et morts, quinze cent trente-sept livres ; ils avaient par conséquent gagné quatre cent douze livres, qui , à 4 deniers et demi, font 4 livres sterl. 14 sh. 2 deniers, ou 7 sh. 8 deniers par cochon.

Au 10 novembre, les deux verrats en vie pesaient cinq cent soixante-quatorze livres; tués à cette époque, ils auraient pesé quatre cent une livres, suivant la proportion du déchet, qui aurait été de six vingtièmes. Au 5 de janvier ils pesaient huit cent quatre-vingt-seize livres , étant en vie : morts ils auraient pesé six cent ving-sept livres ; ils avaient donc gagné deux cent vingt-six livres, qui , à 4 deniers par livre, font 3 livres 15 sh. 4 deniers, et par cochon, 1 livre 17 sh. 8 deniers.

	l.	*s.*	*d. st.*
Profit gagné sur chaque cochon, sur chacun des vingt gros.	1	3	6
Sur chacun des vingt petits.	n	7	8
Sur chaque verrat.	1	17	8

Qu'on se ressouvienne que j'ai dit plus haut, que les vingt petits cochons consommaient autant que les vingt gros, alors on reconnaîtra la supériorité de ces derniers et l'avantage qu'il y a à les élever par préférence aux autres. L'engrais des petits fut fini avec des pois.

Voici un détail exact sur la valeur des pommes de terre et des carottes.

Deux acres et demi et douze perches de carottes ont produit mille quatre-vingt-dix boisseaux ; neuf cent cinquante ont été consommés par les cochons.

Un acre un quart et huit perches de pommes de terre ont produit six cent soixante-douze boisseaux ; dont cinq cent quatre-vingt-dix-huit ont été consommés par les cochons. Un acre a donc produit trois cent douze boisseaux de carottes, et un autre cinq cent trente-six de pommes de terre.

La valeur des quarante-deux cochons, à l'époque où j'ai commencé à les engraisser, était de 44 livres 2 sh., suivant l'estimation des experts. Qu'il y ait eu du profit à les engraisser, on peut s'en assurer par les calculs précédens.

Dépense pour l'engrais de quarante-deux cochons.

	l.	s.	d.	st.
Leur valeur lorsque je les ai mis à l'engrais.	44	2	»	
Pour trente-trois combs de pois.	23	2	»	
Pour deux combs deux boisseaux d'orge.	1	15	»	
Frais de gardiens.	3	5	4	
	72	4	4	
Valeur des pommes de terre et des carottes.	22	15	8	
En tout.	95	»	»	

J'ai donc quarante-deux cochons engraissés à vendre, lesquels m'ont coûté d'achat et de nourriture, jusqu'au 5 janvier, la somme de 95 livres. Par le prix de la viande, tel que je l'ai indiqué, il est facile de juger combien je fais de profit.

Observations de M. Young, sur l'article précédent.

Si l'on continue à faire des expériences telles que celle qui vient d'être rapportée, j'aurai beaucoup de moyens de prouver qu'un des plus grands objets de l'économie rurale britannique, est d'introduire l'usage d'alterner les récoltes, au lieu de la jachère absolue sur toute sorte de terreins. On est assez instruit sur la culture du trèfle et des turneps, mais point assez sur celle des pommes de terre et des carottes, comme objets de consommation pour le bétail. Ce qui retarde cette partie de culture, est l'ignorance de sa valeur dans une ferme. Ce n'est que par des expériences souvent répétées et variées, qu'on peut connaître le prix de cette nouvelle culture; tant qu'il restera inconnu, elle ne s'étendra pas et ne fera point de progrès partout où elle serait d'une très-grande importance. M. Mure mérite toute la reconnaissance pour sa promptitude à faire des expériences et en communiquer le succès au public. Si les hommes aussi riches qu'il l'est imitaient son exemple, leurs vastes possessions contribueraient à la prospérité publique.

(En 1794, un bon cultivateur Français, des environs de Longjumeau, fit des expériences pour comparer aussi le produit des pommes de terre et celui des carottes. Son objet fut manqué, par un des grands défauts de notre police rurale. Dès le mois de septembre, on vint lui voler ses racines; ce qui le réduisit à la nécessité de faire enlever les carottes, avant qu'elles ne fussent mûres. Voyez la *Feuille du Cultivateur*, du 27 nivôse, an 2. Il serait impossible de cultiver en pleine terre les racines les plus utiles, si la propriété n'était pas protégée plus efficacement. On va voir cependant, combien cette culture est importante pour la France.)

N°. 12.

MÉMOIRE sur les avantages qui résulteraient pour la France d'étendre la culture en grand des racines potagères, par M. PARMENTIER.

Lu à la Société royale d'Agriculture de Paris, en 1788, et tiré du nouveau Dictionnaire d'Histoire Naturelle.

1°. Racines considérées relativement à leurs propriétés alimentaires.

DE quelque manière que les sociétés se soient formées dans les premières époques de la civilisation, il est assez vraisemblable que les hommes ont commencé à se nourrir par les moyens les plus simples. Or, en est-il de plus simple que celui de cueillir un fruit ou d'arracher une racine et de s'en alimenter? Tous les autres genres de subsistance ont exigé des soins et des préparations dont nos aïeux étaient incapables alors; et si par la suite ils se déterminèrent à préférer les semences, ce ne fut qu'après que l'expérience leur eut appris que ces principaux organes de la reproduction contenaient une plus grande quantité de matière nutritive sous un moindre volume, qu'ils étaient infiniment plus propres à se conserver et à se transporter au loin sans avarie.

Les racines, en effet, moins nutritives que les semences, mais plus substantielles que les fruits, renferment la plupart des principes qui constituent les autres parties des végétaux; et si elles ont passé dans l'esprit de quelques physiologistes pour fournir la nourriture la plus grossière, ce n'est point que l'aliment s'y trouve plus atténué et moins élaboré que dans les grains, puisque l'amidon et le sucre, les matières odorantes et colorantes qu'on en extrait jouissent des mêmes propriétés, le parenchyme fibreux y domine seulement : c'est ce parenchyme qui rend l'aliment plus ou moins grossier, à raison de la quantité qu'il en contient ; car la matière muqueuse plus disséminée, plus fluide dans les racines que dans les semences, et très-disposée par la combinaison que la simple cuisson opère, à se rassembler, à se concréter, à passer ensuite dans le cours de la circulation, à se dissoudre, à se mêler avec nos liqueurs, et à prendre bientôt le caractère animal dont elle paraît éloignée dans l'état naturel.

Il n'est donc pas douteux que les racines ne soient pourvues de sucs aussi affinés et aussi élaborés que les autres parties des végétaux. Toutes à la vérité n'ont pas en réserve une matière nutritive; les unes, d'abord molles et charnues, deviennent dures et ligneuses en très-peu de tems; les autres n'offrent à l'origine de leur formation que des filets chevelus, que des amas de fibres, et non des sucs mucilagineux. Mais nous avons également des semences aussi dures dans leur substance intérieure que dans leur écorce, et que nous tourmenterions inutilement pour en extraire un aliment. Il faut absolument y renoncer.

Quoique la plupart des racines ne contiennent pas d'amidon, elles n'en sont pas moins alimentaires. Les orchis, dont les Orientaux font un si grand usage pour réparer leurs forces épuisées, n'en fournissent pas plus que les bulbes à squammes ; elles ont un mucilage gommeux, insipide, quelquefois sucré , qui ne les rend pas moins propres à la nourriture, sur-tout lorsque ce mucilage ne se trouve pas associé en même temps avec des sucs âcres, amers et vénéneux ; car alors il serait impossible à l'art de les en extraire comme cela se pratique à l'égard de l'amidon, vu qu'il s'y trouve toujours dans un état combiné et dissous. Nous ne pouvons donc employer dans leur entier que les seules racines abondantes en sucs et parenchyme doux, qui, à l'aide de la cuisson, forment un comestible salutaire.

Des peuplades entières font encore aujourd'hui consister en partie leurs ressources alimentaires dans les racines; les patates au Brésil, l'yucca chez les Indiens, les ignames et le magnoc dans nos îles sont préférés au riz et au pain. Combien de pieux solitaires ne subsistaient autrefois parmi nous que de pain et de racines sans abréger leur carrière ! Mais indépendamment des végétaux que l'homme peut facilement se procurer au moyen du plus léger travail, la nature, toujours libérale envers lui, a répandu dans les lieux les plus ingrats et les plus déserts, une foule de plantes qui, quoique méprisables en apparence, ne recèlent pas moins dans leurs racines une nourriture à laquelle le besoin l'a souvent forcé d'avoir recours. Le zerumbeth, le souchet, le curcuma, sont quelquefois des supplémens pour les Indiens ; plusieurs peuples du Nord en cherchent dans les racines des différentes bistortes ; les Kamtchadales se nourrissent de chamenerion ; les Lapons, du genouillet, des chicoracées ; les Tartares Russes, de pimprenelle, de saxifrages ; enfin Gonsalva d'Oviedo, qui a vécu long-tems dans les Indes orientales, prétend que les habitans de plusieurs provinces de ces vastes contrées, ne cultivaient jamais la terre, qu'ils ne subsistaient que de racines, qu'ils avaient une population nombreuse, et parvenaient à la plus grande vieillesse. Peut-être aussi qu'une nourriture consistante, solide et agreste, contribue pour quelque chose à la vigueur et au caractère sauvage de ceux qui s'en alimentent.

Au moment où César se disposait à livrer le premier combat à Pompée, il n'était guère approvisionné de vivres, ses troupes ne tardèrent point d'en manquer, et furent contraintes de chercher leur subsistance dans les racines, qu'elles apprêtaient avec du lait : quelquefois les patrouilles jetèrent de ces racines dans la tranchée, en criant que tant que la terre produirait de pareils alimens, elles ne cesseraient de tenir Pompée bloqué. Ce général eut grand soin qu'une pareille menace fût ignorée de son camp, dans la crainte que ses soldats ne conçussent de l'effroi pour les ennemis qu'ils avaient à combattre.

Les racines ont joui de tems immémorial de la plus grande célébrité, depuis sur-tout que la culture et l'industrie sont parvenues à les bonifier et à multiplier leurs variétés. Démocrite, qui a écrit il y a environ deux mille ans, Columelle, Varron et Caton, tous ces patriarches de l'agriculture, leur attribuaient des propriétés merveilleuses : ils pensaient qu'un jardin potager était ce qui rapportait le plus dans une ferme, et que le produit suffisoit au-delà pour les besoins du colon. On ne saurait même douter que l'usage de ces racines ne fût étendu jusqu'aux bestiaux, puisque dans la distribution de la métairie ils indiquent les mangeoires pour la nourriture des bœufs pendant l'hiver, et le râtelier pendant l'été.

Après les grains, les racines charnues, farineuses ou muqueuses méritent d'être placées au nombre des substances végétales les plus chargées de parties nourricières ; elles renferment tous les principes qui constituent le corps alimentaire ; la plupart portent leur assaisonnement avec elles , et n'ont besoin que de la simple cuisson dans l'eau ou sous les cendres, pour devenir un comestible salutaire ; enfin réunies plusieurs ensemble , elles forment des potages que le suc de nos viandes peut à peine imiter. Quelles plantes remplissent mieux ces conditions que les différentes variétés de chou-raves et de chou-navets, de betteraves , de carottes , de navets, de panais , de pommes-de-terre et de topinambours? Nous allons les considérer sous le double rapport de la nourriture qu'ils peuvent procurer aux hommes et aux animaux.

2°. *Des racines potagères pour la nourriture de l'homme.*

Ouvrons les meilleurs traités d'économie rurale et domestique, et nous verrons les racines potagères servir une grande partie de l'année de fondement à la subsistance de plusieurs cantons. Parcourons ensuite la Flandre, la Lorraine et l'Alsace, et nous serons convaincus que ce nombre considérable de domestiques, cette quantité d'animaux de toute espèce que renferme chaque métairie, ont pour base l'usage des racines potagères. Elles favorisent la multiplication des bestiaux, le nettoiement des mauvaises herbes et l'abondance des engrais. Dans ces cantons les hommes sont vigoureux, bien nourris, bien vêtus ; ils ne doivent rien à leurs propriétaires et aux percepteurs.

Mais si une longue expérience a prouvé qu'il n'y

a pas de terreins, de climats et d'aspects où l'on ne
puisse faire prospérer les racines potagères., qui
pourrait donc nous empêcher d'en recuillir les avantages? Les unes aiment les fonds bas et humides, les
autres se plaisent dans les terres qui vont en pente,
et sont d'une qualité légère; mais en général c'est
dans les terreins chargés de sable et de gravier qu'elles réussissent le mieux; et quelle que soit leur aridité, ils peuvent y être appropriés sans nuire à la
culture des grains, toujours plus abondans quand ils
leur succèdent. La plaine de Saint-Denis, compara-
ble autrefois à la plaine des Sablons, n'offre-t-elle
pas aujourd'hui le tableau le plus intéressant du plus
riche potager?

Cette vérité est si bien connue des Irlandais, que,
pour améliorer leurs fonds et y faire ensuite de riches
moissons, beaucoup de fermiers sont dans l'usage de
louer, pour une somme modique, leurs terres légères entre deux récoltes de grains, à des cultivateurs
qui les couvrent de plantes potagères dont le succès
est assez constant, parce que ces plantes, à l'exception des pommes de terre, sont toujours arrachées
avant la floraison, c'est-à-dire, avant le moment
où le végétal occupé de former les principes de la gé-
nération future, exige le plus du sol. D'ailleurs les
racines, par leur forme, laissent intacte toute la
substance de la terre qui avoisine la surface, et le
blé vient plus beau sur un champ qui vient de produire des turneps et des carottes, que celui qui aura
rapporté d'autres grains.

Il existe dans un des faubourgs de Saint-Omer des
tissus de racines mêlés de terre grasse, détachés les
uns des autres, mobiles et errans, qui ne s'enfon-
cent jamais. Quoique les hommes s'y promènent et

que les bestiaux y paissent, il s'y est formé depuis
quelques années des attérissemens qu'on a défrichés
et qu'on loue jusqu'à cent francs l'arpent. Les habitans de ce faubourg, distingués des autres citoyens
de la ville par leurs mœurs, par leur langage et par
leurs vêtemens, sont au nombre de trois mille environ, et semblent composer une espèce de républi-
que particulière, dans laquelle on retrouve les tra-
ces de la simplicité et de la bonne-foi du premier
âge. Ils ont converti ces terres marécageuses en jardins potagers isolés, et représentant autant de petites îles d'où l'on ne saurait sortir qu'à l'aide d'une
chaloupe : cultivant exclusivement des plantes potagères, ils en transportent sur des barques aux marchés de Saint-Omer, d'Aire, de Dunkerque et
même jusqu'à Lille. Il en résulte pour le pays, la
salubrité de l'air et un commerce considérable. Partout où la culture peut s'établir, les lieux aquatiques
deviennent sains ; et où les bras trouvent un salaire
avantageux, ils s'y multiplient. Combien de terreins
vagues et marécageux qui répandent au loin l'infec-
tion et la mort, rappelleraient la santé et la vie par
la végétation vigoureuse de ces plantes ! Si elles ne
sont pour les riches citadins qu'un accessoire à la
nourriture, un mets de plus sur leurs tables, de
quelle utilité ne seraient-elles pas dans les campagnes, où souvent il n'y a qu'un peu de lard ou de
beurre pour faire la soupe ? elles deviendraient la
bonne chère de leurs habitans.

Les racines potagères, dira-t-on, sont généralement cultivées en France ; il n'y a pas de jardin où
l'on n'en aperçoive quelques carrés ; les hommes en
vivent certains jours de l'année, et en font manger
les rebuts à leurs bestiaux. Mais ce n'est pas ainsi

qu'il faut les considérer ; et tant que leur culture en grand, qui depuis long-tems fait une des branches de la richesse rurale de l'Allemagne et de l'Angleterre, se trouvera reléguée dans deux ou trois de nos provinces, les racines ne pourront jamais former la base de la subsistance journalière du ménage et de la basse-cour. N'est-il pas malheureux que les cantons ruraux les plus éloignés des cités n'en récoltent pas de quoi fournir à leur propre consommation, et que, forcés souvent d'aller s'en approvisionner à la ville, ils rapportent au village, en échange des grains qu'ils ont vendus au marché, une denrée toujours trop chère et trop rare, pour profiter de tous ses avantages, lorsqu'il leur serait si facile de consacrer toujours, dans les environs de l'habitation, quelques arpens à cette culture, dont le produit ne saurait être apporté de loin sans des embarras et des frais qui nécessairement en rehaussent le prix et en circonscrivent l'emploi ?

Cette indifférence pour une ressource peu coûteuse, et en même tems pour la possibilité de retirer d'une petite étendue de terrein une quantité énorme de nourriture, influe nécessairement sur nos marchés ; les habitans des campagnes, où les racines potagères sont pour ainsi dire ignorées, consomment beaucoup de grains, négligent de faire des élèves, et ont par conséquent peu de bestiaux, ce qui diminue les seuls moyens qu'ils aient d'avoir de l'argent, et de satisfaire à tous leurs besoins ; tandis que quelques arpens consacrés chaque année aux racines potagères, les mettraient en état de subvenir au paiement de leurs charges, aux avances que demandent les améliorations, et de procurer à tout ce qui les environne une nourriture saine et abondante.

3º. *Racines potagères pour la nourriture des bestiaux.*

La multiplication des subsistances pour le bétail a été de tous les tems regardée comme un des meilleurs principes d'agriculture, c'était la maxime des anciens.

Si les racines potagères succédaient constamment aux grains dans l'année de jachère, elles deviendraient, comme tant de faits l'attestent, étant mêlées en certaines proportions au fourrage ordinaire, un moyen de prolonger par l'abondance de leurs sucs, les effets du vert toute l'année, et de conserver les animaux dans cet état de vigueur et d'embonpoint, si nécessaire pour le renouvellement des espèces ; l'hiver serait alors infiniment moins long pour les bestiaux, qui, fatigués du régime sec, soupirent après le retour du printems. Le cultivateur de son côté serait assuré dans tous les tems de partager avec les compagnons de ses travaux, l'aliment qui leur est destiné, de mettre chaque année le sol en valeur sans l'appauvrir, de recueillir enfin de belles moissons, après l'une ou l'autre de ces racines potagères.

Les habitans des campagnes, instruits par la leçon du malheur, qu'il ne fallait pas compter trop exclusivement sur la récolte des foins et des avoines, ont recours aux prairies artificielles, dont les produits sont assez généralement plus certains ; mais combien de fois cette ressource ne leur échappe-t-elle pas encore ? Désespérés de voir leur bétail privé d'une nourriture suffisante pendant l'été, et d'être exposé par conséquent à s'en défaire aux approches de l'automne, ils seraient consolés par la douce espérance de le mieux nourrir l'hiver, et ils trouveraient du bénéfice dans la vente des productions qui en résulteraient.

On se rappellera que l'extrême sécheresse de 1785, qui n'épargna aucune de nos provinces, fut beaucoup moins fâcheuse pour les cantons qui sont dans l'heureuse habitude de cultiver en grand les racines potagères. La grêle désastreuse du 13 juillet 1788, qui a changé le tableau de la plus riche moissson en un spectacle de la plus affreuse calamité, n'aurait pas enlevé toutes les ressources aux cantons qui l'ont essuyée, s'ils eussent couvert quelques arpens de ces plantes : nous n'avons sauvé, m'ont écrit à cette époque critique plusieurs petits cultivateurs désolés, que le produit des pommes de terre que vous nous aviez données à planter.

Les propriétaires éclairés qui font consister aujourd'hui une partie de leur revenu dans les troupeaux, ont essayé depuis peu de donner des racines à leurs moutons pendant l'hiver ; les avantages qu'ils en ont déjà obtenus ne leur permettent plus d'abandonner cet usage, qu'ils ont étendu aux bestiaux qu'on engraisse à l'étable : combien de cultivateurs gagneraient à l'adoption d'une pareille pratique, s'ils voulaient faire taire leurs préjugés et imiter ceux qui leur prêchent d'exemple ! l'économie qui résulterait de l'usage des racines administrées à l'étable ou à la bergerie pendant les derniers mois consacrés à l'engrais, est incalculable.

Il serait superflu de faire remarquer ici que la substitution des racines aux grains, ne doit rien changer au régime des animaux, et qu'il ne faut pas moins continuer de leur donner le fourrage dont on peut disposer. Mais il convient d'ajouter qu'un arpent de racines représente cinq arpens en grains,

d'où il est naturel de conclure que le champ serait
en état de nourrir trois fois plus de bestiaux.

Tout le monde sait qu'il n'y a pas d'année, où,
pendant l'hiver, il n'arrive quelques révolutions su-
bites sur le prix de la viande, occasionnées par une
foule de circonstances qui s'opposent à l'arrivée des
bestiaux venant des pays éloignés, et il n'est pas rare
de voir dans nos marchés la viande augmenter d'une
semaine à l'autre de 4 à 5 sous la livre. Dans ce cas
malheureux, les bouchers achètent tout ce qu'ils
rencontrent, mères et petits, bêtes grasses et mai-
grés ; la disette fait mettre tout sous le couteau. Ce
serait alors que les cultivateurs qui avoisinent la ca-
pitale auraient un grand bénéfice, s'ils tiraient de
loin dans la saison opportune des moutons maigres
qu'ils engraisseraient en les nourrissant à la bergerie
pendant deux mois environ avec des racines. Cette
spéculation avait lieu autrefois, mais c'était avec du
grain pur et des fourrages de choix ; or, cette manière d'engraisser, trop coûteuse, les a déterminés
à renoncer à une branche d'industrie qu'il serait si
avantageux de favoriser et d'encourager, en sup-
pléant à ces grandes dépenses par des productions
d'une moindre valeur. Il faut voir le *Mémoire des
Expériences* de Cretté-Palluel, sur les effets com-
paratifs des racines employées à l'engrais des moutons à l'étable, inséré dans le trimestre d'été 1788,
de l'ancienne Société d'Agriculture de Paris. Des
commissaires se sont rendus à Dugny pour constater
le résultat de cet essai intéressant, et leur rapport a
été que la chair des animaux nourris et engraissés
ainsi, était très-succulente et de fort bon goût.

Le produit des plantes potagères ne consiste pas
seulement dans leurs racines ; elles fournissent pen-

dant le cours de leur végétation des feuilles qui sont mangées avec avidité par les bœufs et par les vaches. Il en est de ces plantes qui en procurent plusieurs coupes, telles sont les betteraves champêtres ; mais l'opération de les effeuiller à diverses époques de leur développement et à mesure qu'elles se reproduisent, doit être exécutée avec ménagement, de même que pour la pomme de terre, la carotte, le turneps, qui ne fournissent qu'une seule coupe. Car quelques expériences prouvent que l'effeuillement nuit un peu aux racines, et c'est encore un problème de savoir si on gagne plus par l'effeuillement qu'on ne perd par la diminution du volume des racines. Toutes ces connaissances pratiques s'acquerront insensiblement dès que les racines potagères pourront être admises au nombre des grandes cultures, qu'on sera persuadé qu'elles améliorent la terre, loin de l'appauvrir, et qu'en les y laissant pourrir elles peuvent servir de fumier, et devenir par conséquent une très-grande ressource lorsqu'on manque d'engrais.

Mais pour produire tout leur effet, il est nécessaire que les racines soient déchirées par la dent des bestiaux, et que pendant la mastication, elles s'imprègnent de salive, qui, comme on sait, favorise l'acte de la digestion ; sans quoi, leur forme plus ou moins arrondie, est cause qu'elles enfilent souvent le gosier, s'arrêtent sur un point de l'œsophage, occasionnent de l'irritation, de l'inflammation, et même la suffocation de l'animal : il faut donc, pour éviter un pareil inconvénient, couper les racines par morceaux, elles sont alors plus savoureuses et nourrissent davantage.

A la vérité, lorsqu'il s'agit de nourrir avec des racines un grand nombre de bestiaux, comme il s'en

trouve dans les exploitations d'une certaine étendue,
le tems et les frais de main-d'œuvre d'un couteau
pour couper les racines une à une, ont fait chercher
les moyens de simplifier et d'abréger l'opération ; on
y est parvenu au moyen d'une machine armée de
dix lames tranchantes qu'on peut faire mouvoir par
un enfant, et qui hachent promptement et beaucoup
de racines à la fois. Cette machine se trouve gravée
à la suite de plusieurs traités d'économie rurale.
Cretté-Palluel et Chanorier l'avaient fait exécuter
pour le service de leurs bergeries et de leurs vache-
ries. Mon collègue Tessier en a donné une description dans les *Annales de l'Agriculture française*, tome 4. On s'en sert tous les hivers à la ferme
nationale de Rambouillet ; et Yvart, qui, depuis
quelque tems, cultive beaucoup de topinambours
pour l'entretien et la nourriture de ses vaches, a fait
également construire le moulin-couteau. (A la fin
de ce Recueil, on donnera le dessin et la description
d'une machine de ce genre, plus parfaite, à l'usage
de ceux qui adopteraient la culture en grand des racines potagères.)

Dès que ces racines auront acquis parmi nous le
degré de considération qu'elles méritent, les espèces
et les variétés se multiplieront et s'amélioreront, ou
pourra en avoir pour toutes les qualités de sol, de
hâtives et de tardives. C'est ainsi que parmi les navets on en a trouvé une espèce, comme le navet de
Suède, par exemple, dont la chair est plus douce,
plus sucrée et plus consistante, ce qui la fait résister
au froid, et permet de la conserver en terre d'une
récolte à l'autre.

Moyennant cette multiplicité et cette abondance
de racines, il sera possible d'en distribuer alternati-

vement et sous des formes différentes aux bestiaux.
Cretté-Palluel a remarqué que des moutons qui mangeaient depuis long-tems de la pomme de terre, et qui paraissaient en être dégoûtés, dévoraient la betterave; il en était de même de ceux qu'on nourrissait de turneps ou de betteraves; la diversité d'alimens aiguillonne et soutient l'appétit. On doit seulement observer qu'ils ont moins besoin de boire que quand ils sont au sec, et que quand on approchera du terme où il s'agit de les vendre, il faudra leur accorder pendant quinze jours deux rations de grains dans les intervalles de ces racines, pour donner du ton à la chair et de la consistance au suif.

Il ne suffit pas de se procurer beaucoup de racines potagères, il faut savoir les conserver pendant l'hiver. On ne peut se dissimuler que quand on en a récolté plusieurs arpens pour la nourriture des bestiaux, il serait difficile de se servir des pratiques déjà indiquées au mot *Pomme de terre,* parce qu'il faudrait les multiplier à l'infini, et que souvent l'emplacement s'y refuserait. On a proposé de les mettre dans le ventilateur ou tuyau d'air, ménagé dans l'intérieur des meules de fourrage : ce ventilateur, devenu inutile pour le moment où l'on récolte les racines, serait rempli jusqu'au comble. M. de Guerchy m'a assuré, d'après sa propre expérience, qu'elles se conservent très-bien par ce moyen. A la vérité, cette méthode paraît insuffisante encore pour une grande quantité; car le ventilateur d'une meule ordinaire contiendrait à peine quarante sacs de racines, qu'il faudrait d'ailleurs monter au haut de la meule, jeter ensuite d'environ cinquante pieds de haut, et qu'on ne pourrait retirer que difficilement. Ce sont ces réflexions que mon collègue Yvart m'a communiquées, qui lui ont suggéré la pratique suivante à essayer.

Elle consisterait à faire avec de la paille de peu de prix, très-commune dans presque toutes les fermes, une meule creuse, arrangée de cette manière. On ferait d'abord avec des broussailles et de la paille un large sous-trait, très-épais et très-serré, afin de garantir les racines de l'humidité et des rats; on élèverait ensuite tout autour de ce sous-trait un mur de paille de trois pieds de haut environ, sur quatre de large au moins, on y placerait facilement et commodément les racines, au moyen d'une ouverture pratiquée d'un côté, ou même en les jetant par-dessus le mur; lorsque la cavité serait comblée, on couvrirait le tas d'une couche de paille, et on continuerait à élever le mur de la même manière, et à multiplier suivant le besoin, le nombre des couches qui pourraient aussi renfermer les différentes espèces qu'on aurait cultivées. On recouvrirait le tout d'une quantité de paille suffisante pour prévenir l'accès du froid, du chaud, de la pluie; toutes les fois qu'on aurait besoin de racines, il serait facile d'en entamer une couche, sans nuire en aucune manière à celles de dessous.

Un puissant moyen d'étendre la culture et les usages des racines potagères, ce serait de distribuer gratuitement une certaine quantité de graine à chaque régiment pour la semer sur des terreins perdus en fortifications, qui ne rapportent que peu ou point de fourrage : le produit ajouté à la ration de vivres, deviendrait sans dépense une augmentation de subsistance pour les soldats, propre à entretenir leur vigueur, à varier leur nourriture, et à les dédommager de son uniformité : cette culture soumise

à leur propre inspection, et dont le résultat tourne-
rait à leur profit, les préserverait de tous les incon-
véniens physiques et moraux auxquels l'oisiveté les
expose, ils contracteraient insensiblement l'habitude
du travail que les légions romaines ont si bien con-
servée, leur exemple servirait de leçon aux cantons
qui en seraient témoins, et de retour dans leurs
foyers, ils répandraient la connaissance et le goût
d'un genre de culture négligé et ignoré dans la plupart des campagnes, parce que leurs habitans ne
sortent jamais de chez eux pour s'instruire, tandis
que la vie forcément ambulatoire de beaucoup d'autres hommes, rectifie, perfectionne ou fait connaî-
tres des procédés utiles.

C'est ainsi qu'à l'époque des croisades, nos ancê-
tres sortirent de l'ignorance profonde où ils étaient
plongés à l'égard des sciences et des arts, dont ils al-
lèrent puiser le goût et les élémens chez les Grecs et
les Arabes; c'est encore ainsi que les matelots pêcheurs sur nos côtes ont des instrumens mieux condi-
tionnés que les pêcheurs riverains de la Loire et de
la Seine, qui ne se départissent jamais de la routine
qu'ils ont héritée de leurs pères, et qu'ils transmettent à leurs enfans, faute d'occasion pour s'instruire :
tant il est vrai que partout la communication entre
les hommes concourt à leur bonheur, et les invite
à ne présenter qu'une seule et même famille !

C'est à la faveur des racines potagères, que dans
quelques cantons on est parvenu à diminuer les jachères, à commencer les défrichemens, et à augmenter par conséquent le produit territorial; il n'y a
donc personne qui ne soit réellement intéressé à
l'extension de la culture en grand de ces racines,
puisque la même quantité de sol nourrira un plus

grand nombre d'hommes et de bestiaux, d'où proviendra nécessairement une diminution sensible dans le prix de la viande de boucherie, sans renchérir celui du pain ; une subsistance plus abondante augmentera la constitution physique de nos villageois ; les animaux mieux nourris perfectionneront leurs races, et seront de plus facile défaite, ce qui entretiendra dans le pays un commerce d'échange, qui répandra partout l'aisance, et par conséquent la santé et le bonheur.

4°. *Poudres de racines.*

On a une si haute idée de l'effet salutaire et nutritif des racines potagères, qu'on a proposé, dans ces derniers tems, de les réduire sous forme sèche et pulvérulente, pour en jouir dans les contrées lointaines, ou lorsque la saison ne permet plus de s'en procurer de fraîches. M. *Renaud*, entr'autres, avait présenté des échantillons de ce nouveau genre d'approvisionnement au maréchal *de Castries*. Consulté sur les avantages que la marine pourrait en retirer, je crus devoir saisir l'occasion d'un voyage de long cours, afin d'en apprécier la valeur : en conséquence, je déterminai le ministre à donner des ordres pour qu'il fût embarqué, à bord des bâtimens que commandait l'infortuné *Lapeyrouse*, une certaine provision de poudres de racines ; et je rédigeai une instruction sur le mode de s'en servir.

Cependant, tout en applaudissant à ces vues utiles pour la santé et la conservation des équipages, j'observerai, qu'à l'exception des carottes, des panais, et du raifort, trois racines qui contiennent à-peu-près, dans les mêmes proportions, du sucre et de l'amidon, les autres racines potagères ne me paraissent pas mériter la même considération, vu qu'elles perdent à l'étuve une grande partie de leur saveur, pour en contracter une très-mauvaise, à moins qu'on n'ait l'attention de les faire bouillir dans l'eau, préalablement à la dessication ; de les diviser ensuite par tranches : mais, malgré ces précautions, ce n'est pas encore chose aisée de les pulvériser, parce que dans cet état les racines prennent assez ordinairement, soit un caractère corné, soit un état flexible et mollasse : dans l'un et l'autre cas, l'action du pilon devient très-difficile.

Toutes les fois qu'un homme a présenté une vue utile, il arrive souvent que, quand elle ne repose pas sur des connaissances positives, il la compromet en voulant trop la généraliser. M. Renaud a également proposé de donner la même forme à des plantes très-aqueuses dont l'arome et le montant sont très fugaces, comme le cresson, le cochléaria, le cerfeuil, etc. Mais le résultat, d'après l'examen que j'en ai fait, ne saurait offrir rien d'utile sous aucun rapport ; ce sont de ces niaiseries qu'il faut reléguer dans cette classe nombreuse de recettes plus ou moins ridicules et impraticables. Tenons-nous en donc aux racines, et principalement aux carottes et aux panais, qui, coupées par tranches circulaires, minces, et exposées à une chaleur de quarante degrés, perdent leur eau de végétation, et deviennent assez solides pour se pulvériser. Mais il faut avoir l'attention de conserver la poudre qui en résulte dans une caisse bien fermée et dans un lieu sec, parce qu'elle attire facilement l'humidité de l'air, et fermente. Une cuillerée à café de cette poudre peut donner toute la saveur et l'odeur des racines fraîches aux potages et aux ragoûts, lorsqu'il n'est plus possible d'avoir ces dernières de bonne qualité, ainsi que je m'en suis assuré par une suite d'expériences nombreuses.

5°. *Purée aux racines.*

C'est particulièrement au printems qu'il convient de réduire les racines sous cette forme, parce qu'alors la germination les travaille intérieurement ; malgré tous les soins de leur conservation, elles deviennent dures, fibreuses et très-âcres : or, ces défauts disparaissent lorsqu'on les apprête à la purée. Nous allons proposer les pommes de terre pour exemple.

On fait cuire ces racines à grande eau, on les épluche, on les écrase au moyen d'une passoire, on se sert de bouillon pour véhicule, et on met sur le feu pour évaporer et lui faire prendre la consistance requise ; alors on ajoute un peu de sel et de la moutarde.

Cette purée peut être servie avec des saucisses, du mouton, du lard, du petit-salé, un fricandeau. Elle est d'un grand usage dans la Flandre, et partout où la pomme de terre est considérée pour ce qu'elle vaut.

6°. *Soupe aux racines.*

Parmi les différentes espèces de potages imaginées par le luxe de la table ou par l'empire des circonstances, pour préparer un aliment plus ou moins liquide, savoureux, nutritif, très-recherché par les Français, la soupe aux racines tient un rang distingué, et elle n'est pas la moins savoureuse. On

prend, d'une part, des carottes, des navets, des
panais, des ognons, qu'on monde et qu'on divise
à la faveur d'une rape de fer-blanc : on met la
pulpe qui en provient dans l'eau sur le feu; après
trois ou quatre bouillons, on la passe à travers un
tamis de crin ou d'un linge fort clair.

De l'autre, on a les mêmes racines coupées lon-
gitudinalement en morceaux minces, qu'on fait revenir dans le beurre, et qu'on jette dans la liqueur
ci-dessus où on les fait cuire. Il est possible d'ajouter
à ce bouillon, pour lui donner plus de consistance
et le rendre plus substantiel, une cuillerée de farine de fèves, de pois, de lentilles ou d'haricots; ou
bien encore, d'y faire du riz au maigre. Enfin, les
racines consacrées aux potages doivent toujours être
préalablement rapées : dans cet état elles fournissent tous leurs principes, il en faut moins pour obtenir une plus grande quantité de matière alimentaire. Une racine qui séjourne à la marmite tout le
tems que dure la préparation du bouillon, ne fournit à la décoction de viande qu'un faible extrait,
et celui qu'elle contient encore se trouve combiné
pendant la cuisson avec la matière fibreuse qui
constitue le corps, la charpente ou le squelette de
la racine, qu'on sert entière ou divisée dans la soupe
ou autour du bouilli.

(On trouvera d'autres détails ci-après, N°. 22,
sur les emplois utiles que l'on peut faire des carottes, soit dans l'économie, soit dans la médecine. Ces
racines n'ont pas encore été assez étudiées, et quoique je rapporte un grand nombre d'expériences sur
leurs vertus et leurs usages, il en reste bien plus à
faire. Je souhaite que ce Recueil en inspire l'idée.)

N°. 13.

N°. 13.

CULTURE des Carottes, dans le Département de l'Aisne, par M. DE TROLLY, en 1790.

Extrait de l'Introduction à la Feuille du Cultivateur.

Première Lettre du Cit. de Trolly, écrite de Coucy, près Soissons, le 22 mars 1790.

J'ai deux mots à vous dire, qui pourront vous intéresser, sur les carottes. Je les sème alternativement avec les pommes-de-terre, avec un cadre formé de huit tringles espacées de 9 pouces, et assemblées d'équerre sur deux barres de 7 pieds de longueur. Un petit clou sur chaque tringle, de 9 en 9 pouces, indique les places où un semeur de chaque côté laisse tomber une pincée, composée de 7 huitièmes de cendre tamisée et d'un huitième de graines de carottes bien nettes. (Il est inutile de dire que la terre préparée, comme pour les pommes-de-terre, et labourée en sillons dès le mois de novembre, s'ameublit parfaitement avec la bêche.) Derrière les semeurs, un homme avec une batte à écraser les pommes et la terre bâlée, appuie un petit coup sur chaque pincée, dont la blancheur ne permet pas les méprises, et forme une espèce de soucoupe. Cela fait, une bonne pincée de terreau. Si les carottes ont peine à lever, j'ai beaucoup de puits de 2 pieds de profondeur, avec des cruches à ventre large et col étroit. On arrose, au moyen de petits gobelets percés de trous par-dessous, comme un arrosoir. On est sûr de ne verser dans chaque trou qu'à peu près 3 pouces cubes d'eau. Je ne puis vous dire, Citoyen, la différence de carottes ainsi arrosées aux carottes cultivées à l'ordinaire. . . .J'ai pesé des carottes arrosées de 3, 4, 5, 6, 7 , jusqu'à 9 livres 11 onces ; celles qui avoient levé en juin, juillet, août, grosses comme le pouce.

Bien des gens (ce ne sera pas vous, Citoyen) qui font les choses à peu près, diront : Voilà bien des minuties, de la dépense. En culture, je n'en connais point qui ne soit largement payée , lorsqu'elle est faite d'après de bons principes. La culture des carottes est bien plus chère que celle des pommes-de-terre, sur-tout l'édouissage et la récolte ; les sarclages ne sont rien, vu la facilité qu'y apporte le parfait équerre de toutes les plantes. Voyons le produit.

Il y a 1111 toises dans notre arpent. N'en comptons que 1000 multipliées par 64 que renferme une toise semée à 9 pouces carrés , à cause des sections qui séparent les planches d'une toise de large et d'une longueur indéfinie. Vous avez 60 mille carottes ; j'en sacrifie 4 mille aux accidens. A 5 livres chaque carotte, l'arpent en produira 180 mille. On ne peut guère en obtenir plus de 36 mille en pommes-de-terre. Je pense qu'on est amplement dédommagé de ses frais. Cependant tout n'est pas en faveur des carottes ; on ne peut les mettre à la cave, et il en faudrait d'immenses , où elles se conservent fort peu. Il faut, en les arrachant, les arranger près à près dans une rigole ; un peu de terre, un deuxième rang ; un peu de terre, ainsi de suite ; s'il survient une très-fort gelée, les bien couvrir. Elles se conservent aussi fort bien dans cette terre-ci, quand l'hiver n'est pas trop froid.

Seconde Lettre du même, sur la culture des Carottes, le 5 avril 1790.

JE m'empresse, Citoyen, de répondre à la demande que vous me faites de graine de carottes. Il ne m'en reste plus ; j'ai même été obligé d'avoir recours à un méchant jardinier qui m'a fourni les premières graines que j'ai semées ici, il y a sept ans. N'y ayez nul regret, Citoyen ; la même qui me donne des carottes si belles et si grosses, en produit de fort ordinaires chez mon jardinier, et il a raison, parce qu'il en cultive pour les hommes : il est certain que mes grosses carottes ont moins de finesse que les communes. Vous savez mieux que moi, que c'est la terre et la culture qui font tout. Un de mes amis, surpris de la beauté de mes carottes, m'en demanda pour replanter. Je lui en donnai 6 porte-graines. Elles ont dû lui produire de la graine pour un arpent. J'ai su qu'il avait eu des carottes pitoyables.

Je ne suis pas surpris que les Anglais préfèrent la carotte à tout. La culture en est chère. La semence me coûte, au cadre qui va plus vite qu'on ne croirait, 5 liv. l'arpent, à neuf pouces de distance, et 3 liv. 10 sols à douze pouces. J'évalue l'édouissage à 25 liv. et à 15 liv., les cultures à 18 liv. Quant à la récolte, elle est désolante. Si, en les arrachant, on veut les ranger dans des rayons près à près, avec un peu de terre intermédiaire, je pense qu'il faut compter au moins sur 40 liv. ; mais c'est le meilleur moyen de les conserver, même par les plus fortes gelées, parce qu'ainsi rangées, avec peu de paille vous en couvrez beaucoup. Je n'ai pas fait mention d'une dépense très-utile, mais elle est casuelle, l'arrosement en cas de besoin ; je ne saurais trop la recommander. J'ai encore remarqué que , si à l'attention de sarcler souvent les carottes, une fois édouies, on joint celle de les cultiver, pour la dernière fois, avec une sorte de long crochet à fumier, espacé au désir des carottes, leur grosseur se prolonge bien davantage. Je n'en puis deviner la raison ; mais je sais qu'en se bornant à des sarclages , et même à de légers béchages, la tête des carottes profite beaucoup plus que le corps qui s'effile, sur-tout aux blanches, de manière que telle carotte dont le diamètre à la tête est de 5 à 6 pouces, se réduit à 3 et 4 à deux pouces au-dessous de la superficie, et ne s'allonge, à beaucoup près, pas tant que celles auxquelles on a donné le secours du crochet, qui d'ailleurs va assez vite, parce qu'il cultive deux rangs à la fois. Les dents des miens ont 16 pouces de longueur , de bon fer, forgé en losange, dont les faces, dans leur plus grande largeur, ont 7 lignes, et dont un angle regarde l'ouvrier. Cette attention n'est pas à négliger,

Je ne sais s'il est prudent de couper le feuillage des carottes, encore moins dans quel tems. On serait porté à croire que ç'est quand elles commencent à jaunir; mais long-tems avant, les feuilles ont poussé avec une telle force, que, tout étant couvert, il n'y a plus d'air circulant, la chaleur du soleil devient nulle. J'ai pardevers moi quelques essais d'après lesquels il faut au moins attendre jusqu'au premier septembre, et c'est bien dommage. Nulle herbe dont les bestiaux soient aussi friands, et la carotte en produit beaucoup,

On m'avait dit la carotte rouge bien supérieure aux autres pour l'engrais. J'ai reconnu par l'expérience que la rouge, à volume égal, excède en poids la blanche, d'un quarante-sixième.

En voici beaucoup sur les carottes ; mais vous paraissez, Citoyen, avoir envie de les connaître. Je finis par une observation assez singulière. Il y a sept ans que j'ai cultivé les premières, il en manqua beaucoup à la levée ; l'édouissage en fournissant de reste pour remplacer, j'y mis tous mes soins. Elles furent amplement arrosées et reprirent presque toutes. A la récolte, j'aperçus ce que je soupçonnais, les replantées n'étaient pas comparables aux autres, et, ce que je ne soupçonnais pas, de blanches qu'elles étaient (je n'en avais pas semé d'autres), toutes devinrent rouges : je n'en vis qu'une qui eût conservé sa blancheur. On dit celles-ci moins sensibles aux gelées. Je ne l'ai pas éprouvé.

N°. 14.

Sur la culture des Carottes en grand, par le Cit. Tessier, en 1793.

Cet excellent article d'un agronome distingué, a été inséré dans le *Dictionnaire d'Agriculture, de l'Encyclopédie méthodique,* et dans *les Feuilles du Cultivateur* du mois de janvier 1793.

Ces ouvrages sont répandus ; nous ne copions pas l'article de M. Tessier ; mais nous croyons devoir transcrire les observations par lesquelles il le termine.

« OBSERVATIONS.

La culture des carottes offre de grands avantages. Quand elle est soignée, elle réussit presque toujours. Dans les pays où les terres ont du fond, elle peut servir pour alterner et remplir le vide des jachères. On ne doit pas y consacrer une grande étendue de terrein, à cause des sarclages fréquens et quelquefois minutieux qu'elle exige. Mais je conseille aux cultivateurs qui ont des terres convenables à cette plante, d'en ensemencer tous les ans quelques arpens. Une partie s'emploiera à la nourriture de leurs domestiques, et le reste pour leurs bestiaux qui en sont tous très-friands.

Dans les pays privés de raisins et où l'orge est rare ou chère, on aura de l'avantage à faire de l'eau-de-vie avec les carottes. Les autres se contenteront d'en faire un aliment, qui est plus substantiel que les navets et la rave.

Les carottes ne paraissent pas aussi sensibles que les autres plantes à certaines variations de l'air ; le ver du hanneton, et quelquefois la courtillière, sont les seuls insectes qui les attaquent ; encore le tort qu'ils leur font est-il borné, et on a des moyens de s'en débarrasser. Les carottes sont à l'abri des ouragans et de la grêle.

Il est donc utile de tourner les regards des cultivateurs vers cette plante. Il faut qu'ils observent que, quand bien même, calcul fait des frais et du produit comparé avec celui du froment, ou de l'orge, ou de quelque autre plante, ils estimeraient que les carottes ne leur rapportent pas ce qu'elles coûtent, ils devraient en adopter et en continuer la culture, parce qu'un moyen de nourrir ses bestiaux en hiver avec une racine agréable, saine, aqueuse et substantielle, n'est pas calculable dans le bien-être avenir qu'il procure. Rien n'est plus ordinaire que de voir des Agriculteurs n'adopter une culture qu'après avoir seulement calculé les frais et le produit momentané et connu. J'ai quelquefois comparé l'agriculteur avec le commerçant, et je crois que cette comparaison est exacte. Il faut donc que l'agriculteur, comme le commerçant, fasse entrer en ligne de compte les produits à venir, résultant du produit actuel. A la vérité, cela est moins possible à l'un qu'à l'autre, parce que le produit à venir d'un agriculteur est dans l'amélioration insensible de ses terres ou de ses bestiaux. L'homme raisonnable sentira la vérité de ma réflexion, et l'appliquera à la culture des carottes, comme à celle de beaucoup d'autres plantes. »

Les exhortations de l'illustre Tessier n'ont pas été infructueuses. Plusieurs cultivateurs ont essayé de cultiver en grand les carottes et les panais. Nous allons donner un extrait des essais le mieux faits, et qui ont eu lieu à Pantin, chez M. Saint-Genis, membre de la Société d'Agriculture de la Seine.

N°. 15.

CULTURES du Cit. SAINT-GENIS, en l'an 5, extraites du tome 3 des Annales de l'Agriculture Française.

Carottes.

LA culture en grand des carottes peut être très-avantageuse dans les lieux où la main-d'œuvre n'est pas trop chère.

Elles fournissent d'abord leur fanes, qui sont excellentes pour toutes sortes d'animaux, et il est prouvé qu'on peut les couper au moins une fois sans faire tort à leurs racines. Ce fait a du moins été constaté par plusieurs années d'expériences faites sur de très-grandes planches dans un potager. On croit même pouvoir assurer que les racines profitent davantage lorsque l'on fauche les fanes parvenues à une grande hauteur. Il est vraisemblable que ces fanes devenues très-hautes, très-élevées, s'étiblent en partie, faute d'air, et qu'elles cessent alors de faire augmenter la racine. En les coupant, elles ne tardent pas à être reproduites, et les nouvelles fanes ayant plus d'air et végétant plus vigoureusement, la racine profite davantage que si on eût conservé les premières fanes. Les cultivateurs d'un terroir voisin de celui où ceci est écrit, font beaucoup de carottes, mais ils les destinent toutes à être vendues en petites bottes à Paris, et ils en tirent un profit considérable. Leur dépense pour les culture, engrais, sarclage et éclaircissemens, est aussi très-considérable. Il seroit donc très-peu raisonnable de songer à nourrir les vaches avec des carottes cultivées comme elles le sont, soit en petit, soit en grand, aux environs de Paris.

Une vache ainsi nourrie coûterait plus de trois livres par jour, et il s'en faut de beaucoup que le produit du lait puisse couvrir une pareille dépense, comme on le verra ci-après.

Voici néanmoins un essai que l'on a fait l'année dernière pour tâcher d'obtenir des carottes dans un terrein qui n'étoit point amendé, et sans faire la dépense des sarclages et éclaircissemens.

Au mois de septembre 1796 (v. st.), dans un terrein sablonneux qui avoit produit des haricots, on a, aussitôt après que les haricots ont été retirés, donné un bon labour à environ sept pouces de profondeur.

Ce labour a été très-facile , à cause de la légèreté de cette terre, et il a été exécuté avec deux chevaux ; sur ce labour on a semé du seigle, et ensuite on a passé la herse pour enterrer ce grain.

Les mottes ayant été bien brisées , et le sol rendu bien uni par ce hersage, on a semé des carottes à la volée, on a eu soin de bien garnir le terrein, comme s'il n'y avait point eu de seigle semé, et comme si l'on eût eu l'intention de sarcler les carottes au printems suivant ; mais on n'avait point, dans le fait, cette intention. On avoit pensé que le seigle végétant au milieu des carottes en ferait mourir un grand nombre , ainsi que beaucoup de mauvaises herbes , que par conséquent la végétation du seigle servirait de sarclage et d'éclaircissement aux carottes.

On ne doutait pas, d'un autre côté, que la végétation du seigle ne retardât considérablement celle des carottes qui ne périraient pas. Mais comme le seigle se récolte de bonne heure, on a espéré que les carottes qui subsisteraient après la récolte du seigle , auraient assez de tems pour grossir. On a même pensé qu'elles végéteraient rapidement aussitôt qu'après la moisson elles auraient tout l'air dont elles auraient été privées dans leur enfance.

Ces diverses combinaisons ont été condamnées et désapprouvées par les jardiniers et cultivateurs auxquels on en a rendu compte. Tous ont asssuré que les carottes ne réussiraient point ; que le seigle , étant levé beaucoup plûtôt qu'elles, les empêcherait de lever, et que s'il en levait quelques-unes dans les clairières, elles seraient infailliblement étouffées par le seigle qui s'élèverait beaucoup plus vite qu'elles.

Tel était le pronostic ; mais voici ce qui est arrivé. Le seigle était déjà fort haut à la fin de septembre

(v. st.) ; on crut apercevoir à la mi-octobre plusieurs carottes qui levaient ; mais comme le seigle était bien élevé, il a été impossible de s'assurer que toutes les carottes aient levé avant les gelées.

Au printems de la présente année, le seigle, qui était très-épais, a monté rapidement, et l'on y apercevoit néanmoins plusieurs carottes dont les fanes à la vérité étaient assez languissantes. Les carottes que l'on avait aperçues avant l'hiver avaient-elles péri ? En avait-il levé d'autres depuis l'hiver ? c'est ce qu'on n'a pu décider ; il aurait sans doute fallu plus d'assiduité qu'on n'en a eu pour suivre cette épreuve.

Le seigle a été fauché au commencement de juillet fort près de terre, et par conséquent toutes les fanes de carottes, qui se trouvaient parmi, ont été coupées par la faux. Ce fauchage a été d'autant plus facile, qu'après avoir semé les carottes on avait passé le rouleau, tant pour les enterrer que pour rendre le terrein parfaitement uni.

Les javelles du seigle fauché sont restées dans le champ le tems nécessaire ; ce tems a été long, parce qu'il est survenu de la pluie. Aussitôt qu'il a été possible de mettre le seigle en gerbes, on l'a enlevé, et le champ étant vide on a examiné en quel état étaient alors les carottes ; celles qui n'avaient point été placées sous les javelles commençaient à pousser de nouvelles fanes : plusieurs places étaient absolument vides, et dans d'autres les carottes étaient un peu trop serrées. Les plus grosses d'entre elles étaient alors comme le petit doigt d'une femme, un très-grand nombre n'étaient pas si grosses qu'une plume à écrire.

Comme l'épreuve avoit été faite dans l'intention

d'épargner les sarclages , on se garda bien de faire sarcler; on n'a pas même voulu éclaircir celles qui étoient trop serrées. Les pluies qui sont survenues n'ont pas tardé à faire végeter vigoureusement toutes les carottes. Ceux d'entre les cultivateurs et jardiniers qui avaient assuré qu'elles ne leveraient pas, ou qu'elles périraient, ont été alors bien surpris de voir cette belle verdure à la fin d'octobre (v. st.) , et en novembre , dans un champ où l'on avait récolté du seigle dont on voyait le chaume. On ne s'est pas presssé de récolter ces carottes ; elles ont, en conséquence , profité considérablement de l'humidité de l'automne et du retard des gelées. Enfin , le 12 décembre (v. st.) on s'est déterminé à les récolter. Pour mettre même dans cette récolte, autant que possible , de l'économie en main-d'œuvre, on l'a exécutée avec la charrue. Les deux mêmes chevaux qui avoient labouré le terrein au mois de septembre de l'année précédente , ont été employés à donner un labour de la même profondeur de sept pouces, destiné tant à la récolte des carottes qu'à la semence d'un nouveau seigle, qui a été semé sur le terrein, vers le 20 décembre dernier (v. st.). Mais avant de parler de cette nouvelle semence et de l'épreuve que l'on se propose de faire sur le même terrein, et sur quelques autres, on croit devoir donner une idée de la manière dont est faite la récolte des carottes à la charrue.

Les chevaux et le charretier ont commencé le labour par les deux côtés du champ, et ont renversé de chaque côté un sillon dans toute sa longueur. Trois femmes et un homme, placés à différentes distances avec des crocs à deux dents, retiraient de terre les carottes à mesure que la charrue les renversait.

On s'est aperçu, dès les premiers sillons ouverts, que les carottes avaient piqué très-profondément. En conséquence, pour tâcher de les retirer entières, on a disposé la charrue de manière qu'elle exécutât un labour le plus profond possible ; mais il n'a pas eu l'effet de retirer les carottes entières, tant elles étaient longues. Presque toutes ont été coupées par le soc de la charrue. Plusieurs bouts, qui sont restés dans la terre, avaient depuis deux jusqu'à cinq pouces de longueur. Le grand nombre de ces carottes étaient aussi grosses que celles qu'on a récoltées dans un potager bien fumé. Cette récolte a été faite en une matinée. Le champ pouvait contenir un dixième d'arpent, ou quatre-vingt-dix toises carrées. On a ensuite semé du seigle sur le même labour qui avait servi à la récolte des carottes, et l'on se propose de semer encore sur ce seigle des carottes, afin de voir ce qu'il résultera de cette double culture, exécutée sur le même labour deux années de suite. On aurait même déjà semé des carottes, s'il avait été possible de passer le rouleau. On se propose de les semer sur la neige, s'il en survient cet hiver ; sinon on les semera au printems, de la même manière que l'on sème les luzernes et les sainfoins sur le seigle.

Le succès de cette épreuve, que les praticiens n'ont point approuvée, est peut-être dû à l'excessive humidité de l'automne, et au retard considérable des froids de l'hiver. Néanmoins, on croit qu'elle n'est point à négliger. On n'a pas pu la répéter au mois de septembre dernier (v. st.), parce qu'on n'en connoissait pas encore le résultat à cette époque. L'épreuve que l'on fera cette année sera différente, en ce que les carottes seront semées ou sur la neige ou au printems. Elle sera faite aussi plus en grand, et sur diverses espèces de grains. On s'est procuré à cet effet une bonne quantité de graine de carottes.

On a quelque lieu de croire que les carottes récoltées 'dans ce champ sont d'un meilleur goût que celles venues dans les potagers; mais on ne peut rien assurer à cet égard que lorsque la comparaison en aura été faite tant à la cuisine que vis-à-vis des animaux. Celles venues dans le potager ont fourni, proportion gardée, une quantité beaucoup plus grande. On estime qu'à terrein égal, les carottes soignées comme on le fait dans les potagers, ou bien dans les champs d'Aubervilliers, donneraient une récolte au moins triple de celle que l'on a fait des carottes semées sur le seigle.

Panais.

Les panais ont sur les carottes et les navets l'avantage d'endurer les plus fortes gelées, et par conséquent de pouvoir être laissés en terre pendant l'hiver. On les en tire à mesure du besoin, lorsqu'après des dégels la terre devient maniable. Quand on prévoit la gelée, on en fait une provision que l'on met dans une cave ou dans un endroit abrité du froid. Si la gelée que l'on attendait n'arrive point, on continue de nourrir les animaux avec les panais que l'on tire journellement de terre, et ceux que l'on avait mis à la cave s'y conservent parfaitement. Il suffit d'avoir l'attention de les remuer de tems en tems, ce qui les empêche de pousser. On doit avoir la même attention pour conserver les carottes ; mais ces dernières doivent être mises à la cave avant les gelées.

Un autre avantage des panais est de pouvoir venir

dans toutes sortes de terres, même dans celles qui sont compactes et argileuses.

Toutes les épreuves que l'on a faites sur les carottes ont été tentées en même tems sur les panais. On a notamnent semé ces derniers sur du seigle, précisément à côté des carottes ; c'étoit le même terrein : les mêmes attentions et omissions de façons ont eu lieu, mais les panais n'ont pas réussi.

Il paraît que les panais ne veulent point être obombrés pendant long-tems, et qu'il est plus nécessaire encore de les sarcler que les carottes.

La racine du panais n'est pas le seul fourrage à rechercher dans sa culture ; sa fane, qui devient très-haute, et qui est tendre pendant long-tems lorsque cette plante monte en graine, fournit un fourrage agréable et abondant. C'est dans l'intention de se procurer ce fourrage précoce que l'on avait semé, il y a deux ans, des panais sur du seigle de mars. On avait préféré le seigle de mars au seigle ordinaire, parce qu'il occupe moins long-tems la terre, et pour que le panais fût le moins de temps qu'il étoit possible privé d'air. Le seigle de mars ayant été fauché à la moisson de l'année dernière, les panais se sont trouvés en bon état et en quantité suffisante pour remplir les vues que l'on avoit eues de se procurer un fourrage précoce au printems suivant. Leurs racines étaient tellement petites, qu'il n'était pas possible de se flatter de les voir grossir suffisamment avant l'hiver.

Ces panais ont donc été conservés et sont restés en terre tout l'hiver dernier. Ils ont monté au printems de la présente année ; mais ils n'ont été bons à faucher que dans le milieu de prairial ; en sorte qu'ils n'ont presque pas devancé la luzerne. Le fourrage qu'ils ont fourni était tendre, succulent et fort agréable à tous les bestiaux.

Il étoit aussi très-abondant, vu que les montans des panais s'élèvent fort haut. On n'a point attendu, pour les couper, que les fleurs parussent; ils ont été fauchés étant à la hauteur d'environ trois pieds.

Les montans auraient été trop durs, si on avait attendu les fleurs. Le goût de ces montans de panais peut, à beaucoup d'égards, être comparé à celui du céleri, et l'on présume qu'il a les mêmes effets pour la santé des animaux, pour le bon goût de leur chair et pour la suavité du lait. On se propose de répéter cette épreuve, uniquement dans l'intention d'obtenir un fourrage verd, mais non dans celle de profiter des racine s

Quelques tentatives que l'on ait faites pour réussir dans ce dernier objet, on n'a jamais pu se procurer des racines de panais pour l'hiver, qu'en les cultivaat à la manière ordinaire, c'est-à-dire, en les semant à la fin de l'hiver, et en faisant la dépense des sarclages et éclaircissemens; mais alors ils deviennent beaucoup trop coûteux pour être employés, dans les environs de Paris, à la nourriture des bestiaux.

Si quelque personne avait trouvé le moyen de cultiver cette plante et de récolter de fortes racines sans employer beaucoup de main-d'œuvre, et par conséquent sans sarcler ni éclaircir, il serait fort utile qu'elle voulût bien fournir son procédé et le rendre public par la voie des *Annales d'Agriculture* ou autres Journaux.

On croit devoir observer que les épreuves sur les panais ont été faites sur les deux espèces qui sont les plus usuelles, savoir, le panais rond et le panais long, et que les tentatives sur l'une et l'autre de ces espèces ont donné les mêmes résultats.

Voilà ce qui avait été publié, en l'an 6, sur les récoltes de carottes et de panais, que le citoyen Saint-Genis avait faites en l'an 5. Il promettait, comme l'on voit, d'autres renseignemens. Comme ils n'ont point paru, je lui ai demandé des notions ultérieures. Voici ce qu'il m'a répondu, le 11 thermidor an 12.

» L'expérience que j'avais faite en l'an 5 m'avait assez bien réussi. N'ayant pas eu le même succès en l'an 6 et en l'an 7, je n'ai point été tenté de le répéter dans les années suivantes.

Ayant eu en la présente année plus de graine qu'il n'était nécessaire pour ma consommation, et me proposant d'ailleurs de faire des épreuves cet hiver sur l'effet que produisent diverses nourritures sur le lait des vaches, j'ai répété en petit et avec des variantes ce que j'avais essayé en l'an 5. En voici le détail.

1º. Dans un terrein contenant environ deux arpens, à l'ancienne mesure de Paris, qui avait été en pommes de terre l'année dernière, j'ai semé en mars (v. s.) de l'avoine. L'avoine étant levée, et ce terrein étant partagé en cinq travées par des files d'arbres fruitiers, j'ai semé, les 26 et 27 avril, dans une travée, des panais, dans l'autre des carottes, et dans les trois autres des navets. J'ai fait herser, comme cela se pratique, sur les avoines levées. Je viens de faire couper l'avoine hier et avant-hier. Il y a très-peu de panais, encore moins de carottes, et point de navets. L'avoine y était peu drue et peu haute.

2°. Dans un autre terrein qui était en avoine l'année dernière, j'ai fait semer, en automne, du seigle, mêlé d'un peu d'escourgeon, avec intention de le couper en verd pour mes vaches. Une partie de cette pièce ayant effectivement été coupée en verd, j'ai semé moi-même, séparément, des panais, des carottes et des navets, en tenant note figurée des lieux. J'ai fait herser fortement : le seigle a repoussé, a donné d'assez beaux épis; les panais, carottes et navets, sont très-bien venus, ainsi que quantité de mauvaises herbes. Je compte les faire sarcler quand mon monde sera débarrassé de la moisson. Il faut observer cependant que les panais, carottes et navets, sont beaucoup moins avancés que ceux que j'avais aussi semés moi-même, le même jour, dans des terreins où il n'y avait que ces légumes.

3°. Dans trois carrés très-petits, qu'un ouvrier avait coupé en verd par méprise, et dont j'arrêtai l'erreur, j'ai semé aussi des panais et des carottes sans herser : le seigle a repoussé, a produit d'assez beaux épis, et les panais et carottes sont bien venus.

4°. Dans une autre partie de seigle coupé en verd, attenant l'expérience 2 ci-dessus, mais dont le seigle était déjà repoussé haut de plus d'un pied, et fort garni, j'ai semé des navets le même jour : ils sont venus très-drus, et les épis de la repousse du seigle très-beaux ; je ferai éclaircir ces navets, mais il faut observer qu'ils sont bien moins avancés que d'autres navets semés le même jour seuls.

5°. La luzerne a réussi de même sur du seigle coupé en verd et hersé plusieurs fois : la repousse du seigle a aussi donné de beaux épis.

Voilà des résultats fort différens dans une même année, dans le même enclos, et à même température. Je ne me rappelle pas si les années 6 et 7 ont été pluvieuses, et j'ai oublié aussi la température de l'an 5, où j'avais eu de très-belles carottes ».

Signé, DE SAINT-GENIS.

L'incertitude qui résulte des essais ci-dessus, m'a décidé à demander des renseignemens plus précis dans les pays où la carotte est cultivée en grand et depuis des siècles. Je me suis adressé aux préfets des départemens de l'Escaut et du Nord, qui ont bien voulu m'envoyer les détails qu'on va lire, détails beaucoup plus positifs que tout ce qu'on a vu, soit des Français, soit des Anglais.

N°. 16.

RÉPONSE de M. FAYPOULT, Préfet du Département de l'Escaut, sur la culture des Carottes dans le pays de Vaës.

Gand, le 22 thermidor an XII.

J'AI l'honneur de vous adresser des détails fort exacts sur les trois espèces de carottes qui se cultivent dans le beau pays de Vaës. Je crois pouvoir vous répondre de leur exactitude.

Vous avez pu remarquer, en traversant cette intéressante contrée, qu'elle offre un terrein généralement léger et sablonneux ; c'est celui-là qui convient absolument aux carottes : il leur faut une terre facile à ameublir ; si elle était forte et argileuse, elle retiendrait l'eau trop long-tems ; elle se durcirait ensuite en se desséchant. Toutes ces circonstances sont autant d'obstacles aux succès des carottes.

Il est bien vrai qu'il existe une espèce de carottes que l'on seme en mars sur le seigle : alors la terre n'est pas encore devenue assez compacte, assez tassée, si je puis m'exprimer ainsi, pour que la graine de carotte ne puisse pénétrer dans le terrein. Par le seul effet d'un rateau, elle reste assez couverte pour lever à merveille et pour produire une plante vigoureuse.

Il n'est pas vrai, (comme le dit l'auteur Allemand qui a décrit les cultures du pays de Vaës, dans l'Introduction à la feuille *du Cultivateur,* page 225, qu'après le seigle dans lequel on a semé des carottes, on puisse semer des raves, et obtenir ainsi dans la même année une récolte de seigle, une de carottes et une de raves : on est réduit aux deux premières, car la carotte ne se retire de terre qu'en automne et vers le tems des gelées.

Mais si dans le seigle on n'a pas semé de carottes, la coutume générale est de le couper promptement dans sa maturité. En deux jours le terrein est nettoyé, labouré et semé en navets qui se récoltent l'hiver, et nourrissent une quantité prodigieuse de bestiaux. Nulle part l'agriculture n'est éclairée comme dans ce pays. Je suis occupé de cette partie de ma statistique : j'y décrirai sur-tout l'ordre observé dans la succession des cultures ; il est admirable.

Signé, FAYPOULT.

Détails sur la culture des Carottes jaunes et blanches, dites (improprement) Panais dans le pays de Vaës.

Deux époques sont en usage pour ensemencer les carottes : en mai, on seme celles qu'on nomme *carottes de mai*; en mars, on seme les *carottes de mars*. Les deux espèces sont jaunes.

Pour semer la première espèce, il faut commencer par labourer le terrein à ce destiné, à huit pouces de profondeur, au commencement d'avril ; puis on y conduit la quantité de fumier ci-après spécifiée, qu'on mêle avec la terre par un second labour ; ensuite, après avoir égalisé le terrein avec la herse, on se sert de la charrue pour tracer de forts sillons à la distance de cinq pieds les uns des autres, pour l'écoulement des eaux. Les bons cultivateurs qui en ont les moyens, jettent sur le terrein de l'urine de vache ; ce qui rend la terre chaude, meuble et fertile.

Cette opération terminée, on en vient au semis, qui doit s'effectuer avec attention ; car quatre livres et demie de semence de carottes forment une quantité plus que suffisante pour un hectare de terre. Cette semence se prend entre le pouce et les deux premiers doigts de la main ; on éparpille la semence autant que possible, de manière que tout le terrein en soit bien également couvert.

Le semis fait, on prend dans les sillons, et avec une pelle, de la terre dont on couvre légèrement la surface du terrein semé. Il faut que la semence soit entièrement couverte de deux doigts de terre ; puis, avec le derrière d'un rateau ou de tout autre instrument, on casse les mottes de la terre, pour la rendre aussi fine que possible.

A la mi-juin, quand le jet de la carotte a trois à quatre pouces de long, il faut les faire sarcler, les purger de toute mauvaise herbe, et les éclaircir de manière que chaque carotte ait assez de place en terre pour se développer et occuper pour elle seule une surface de deux pouces et demi au moins. Il faut les soigner pendant le restant de l'été avec la même propreté.

Ces carottes restent en terre jusqu'au mois de novembre. On les ôte de terre, on coupe le jet ou la verdure, et on les met dans des caves, ou dans des fosses de terre avec de la terre sèche, afin d'éviter qu'elles ne s'échauffent, ne pourrisent, et sur-tout à l'abri de la grande gelée.

Cette première espèce de carotte, qui se seme en mai, diffère de celle qui sera décrite ci-après, en ce que ces carottes de mai sortent de terre de trois à quatre pouces, sont moins délicates et moins savoureuses pour la nourriture des hommes, mais plus profitables et meilleures pour celle des bestiaux.

On passera maintenant à la seconde espèce, qui se seme dans le seigle au commencement de mars.

Avant tout, il faut observer que plus la terre est engraissée et cultivée, plus son produit sera considérable.

Voici comme on seme ces carottes, qui diffèrent de la première espèce en ce qu'elles ne sortent pas de terre, et qu'elles sont excellentes et agréables au goût.

Au mois de mars, lorsque le seigle est déjà élevé de trois à six mois, on prend la semence de carotte,

comme il a été dit ci-devant, et on la sème légèrement et bien également.

Le semis fait, on passe dessus un rateau de fer
ou de bois, de manière que la semence soit couverte
de terre, sans craindre d'arracher quelques racines
de seigle.

La moisson des seigles étant faite, on arrache de
terre les mauvaises herbes, et même des chaumes,
s'il le faut, afin que les carottes puissent grandir
et prospérer sans gêne : il faut aussi nécessairement
les éclaircir, si elles se trouvent trop serrées, parce
qu'une grosse carotte a plus de saveur et fait plus
de profit que quatre petites ; cependant elles ne
demandent pas autant de place que la première
espèce.

Elles restent en terre aussi, et même plus long-
tems que celles de la première espèce. Par fois les
cultivateurs du pays de Waës les laissent passer une
partie de l'hiver ; mais elles ne sont pas exemptes
de la gelée. Cette espèce de carotte se compte comme
un surcroît de moisson, puisque dans le même terrein, avec une même quantité de fumier, on fait
deux récoltes.

Cette même espèce de carottes se sème aussi avec
la semence de lin. On mêle ensemble les deux semences, ou on jette celle des carottes après celle du
lin, et on couvre les deux semences ensemble avec
la herse.

On sème aussi dans ce département, en avril,
une troisième espèce de carottes blanches, qu'on
nomme vulgairement *panais*, et qui demande la
même culture, le même engrais et même plus d'a-
bondance de fumier ; elle demande aussi plus de

place, attendu qu'elle devient et plus grosse et plus longue.

Cette espèce passe l'hiver sans aucun danger. A l'approche de la gelée, on en coupe le jet pour le bétail ; et le panais, bon pour la nourriture de l'homme, est un excellent aliment pour les vaches à lait, parce que la douceur de cette racine donne un goût agréable au beurre, procure même plus d'abondance de lait, et épaissit la crême. Cette carotte, et même les deux autres espèces, servent aussi à engraisser les cochons, mais il faut les faire très-fortement cuire, et les réduire en une espèce de bouillie très-épaisse.

Quelle est la dépense ?

Pour un hectare de bonne terre de ce département, il faut vingt-quatre à trente charriots de fumier attelés de deux chevaux. Ce fumier est de vache ou de cheval, ou mêlé de l'un et de l'autre ; mais il doit être court et bien consommé. On jette ensuite, si on le peut, jusqu'à 150 hectolitres d'urine de vache. On fait sarcler et ez-herber par des femmes.

Le produit moyen des trois espèces de carottes est de 450 francs à 550 francs par hectare ; sur quoi il faut déduire les frais de labours, semences, engrais, sarclage, ez-herbage et moisson. Ces frais varient suivant les terreins.

On peut se procurer les trois espèces de graines dans tout ce département, principalement entre Gand et Bruges, et dans le pays de Waës. Elle se vend régulièrement un franc quarante centimes la livre, et par fois, quand la semence a eu des mauvaises saisons, jusqu'à trois francs vingt à trente centimes.

Je dois aussi observer que parmi l'espèce qu'on sème au mois de mai, il s'en trouve de deux couleurs, l'une orange foncé et l'autre pâle jaune, sans pouvoir assurer laquelle des deux mérite la préférence.

N°. 17.

Réponse de M. Bottin, Secrétaire-général de la Préfecture du Département du Nord, sur la culture des Carottes en pleine terre, dans ce Département.

Douai, ce 25 thermidor an XII.

Dans l'absence de M. le Préfet, j'ai cru faire une chose qui vous serait agréable, en ayant l'honneur de vous répondre moi-même. J'ai donc compulsé la stastitique de M. le Préfet et mes notes particulières, et voici ce que je sais.

Les deux plantes empruntées des jardiniers que le laboureur cultive le plus en grand, en pleins champs, dans le département du Nord, sont : le navet et la carotte, dans les arrondissemens de Bergues, Hazebrouck, Lille, Douai et Cambrai.

Le *navet* se seme après les lins, les colzats, les orges d'hiver ou *soucrions*. Il forme une seconde récolte, et prépare celles des terres qui sont naturellement pauvres. Le navet sert à la nourriture des bêtes à cornes.

La *carotte*, au contraire, y est particulièrement

le

le partage des chevaux durant la même saison.
Vous ne parlez que de carottes dans votre lettre,
je me bornerai à ce légume.

D'après un recensement fait en l'an 9, par ordre
de M. *Dieudonné*, préfet, on sème, année commune, en carottes, les quantités suivantes de terres
dans le département du Nord.

Arrondissement de Bergues. . . . . . .   14 hectares.
— d'Hazebrouck.   73
— de Lille.   70
— de Douai.   35
— de Cambrai.   72
                                         ——————
Total. . . . .   264 hectares.

On emploie la quantité moyenne de 86 hecto-
grammes de graine pour ensemencer un hectare, et
on en retire un produit moyen de 15,597 litres de
carottes.

Les environs de Cambrai sont renommés pour la
qualité et la grosseur des carottes.

Je n'ai point découvert que l'on suivît, dans ce
département, l'usage que l'auteur Allemand cité
par vous, assure exister dans les environs de Saint-
Nicolas, pays de *Vaise*, lequel consiste à mettre,
au mois de mars, des carottes dans des seigles semés
dès l'automne précédent, et des raves, lorsque les seigles sont coupés ; ce qui se répète, ajoute cet auteur,
deux fois en cinq ou six années. Cet assolement
paraît, en effet, bien extraordinaire, quant à la
plantation des carottes dans les seigles.

Il me semble que, dans la supposition qu'il existe
réellement, il n'est pas difficile à quiconque connaît

bien la culture de ce pays-ci, d'expliquer par quel procédé on fait prendre la graine de carottes semée, à la sortie de l'hiver, sur un seigle en herbe. C'est M. *Dieudonné*, notre excellent Préfet, qui va vous expliquer le comment, dans son grand ouvrage de statistique, dont je prends sur moi d'extraire ce qui suit :

» Le sol que cultive le laborieux cultivateur du » département du Nord, naturellement fertile, » donne quelquefois à la végétation une activité » prématurée et nuisible ; l'humidité multiplie les » mauvaises herbes qui menacent d'étouffer son » grain. Il ralentit la première en passant, au sortir » de l'hiver, le rouleau sur ses *avéties*. (On dé- » signe par le mot *Avéties*, dans ce pays, les pro- » ductions qui croissent dans un champ ensemencé.) » Il sait employer à propos, pour le même objet, » le ploutroir, espèce d'instrument propre au pays ; » (le ploutroir est un instrument formé de l'assem- » blage de quatre madriers, et forme un parallélo- » gramme), dont l'effet est aussi d'écraser les mottes » de terre qui ont échappé à la herse avant l'hiver ; » d'en répandre également la terre sur le champ, » et de donner une nouvelle culture aux plantes.

» La herse renversée est encore employée pour » obtenir le même résultat ; elle sert sur-tout *à* » *recouvrir la semence de trèfle et de luzerne* » *semée sur les blés, seigles, escourgeons, déjà* » *levés.*

» . . . .

» . . . . Dans le même arrondissement » de Lille, on ne se borne pas à l'opération ci-dessus » décrite, ni au sarclage : dès la fin de germinal et » en floréal, la *Rosette*, espèce de petite houe

» à fer très-étroit, est employée à extirper les mau-
» vaises herbes des grains d'hiver, et sur-tout à leur
» donner une légère culture : cette opération s'ap-
» *Roétage* ».

Chacune des opérations ci-dessus décrite est plus
que suffisante pour recouvrir en terre la graine de
la carotte que l'on aurait eu soin de répandre sur
le champ immédiatement avant : on voit encore que
cette semence peut se répandre et se recouvrir sans
faire le moindre tort au seigle levé ; et qu'enfin la
pesanteur des deux premiers instrumens dont il
s'agit, est très-propre à affermir la terre sur une
graine naturellement très-légère, et à la préserver
ainsi du jeu des vents ou de la dessication.

(Au surplus, il ne reste aucun doute sur la méthode de semer, au printems, la graine de carottes,
dans les seigles en herbe. *Voyez* à cet égard, les
détails du N°. 16, qui m'ont été transmis par M. le
Préfet du département de l'Escaut.)

Voici maintenant des détails que je tiens d'une
source sûre sur la culture de la carotte dans l'arrondissement de Lille.

Vers le 20 vendémiaire, on cultive la terre à
3 décimètres 25, (12 pouces de profondeur.)

Vers le 10 nivôse, il faut labourer la terre, pour
la seconde fois, à la même profondeur.

Vers le premier ventôse, troisième labour, encore à la même profondeur.

Vers le premier germinal, on fume la terre avec
60 monts de fumier, qui sont épandus de suite.

Vers le 12 germinal quatrième et dernier labour
à la même profondeur que les trois premiers ; ce

H 2

labour fini, on jette sur la terre *dix tonneaux* de gadoue ou matière fécale.

« C'est dans de petits tonneaux de la capacité d'une demi-tonne de harengs, que les cultivateurs conduisent sur les terres la gadoue. Ils ont avec eux une cuvelle dans laquelle la matière est transvasée du tonneau. Un homme tenant dans sa main une longue perche terminée par un vase de bois en forme de cuiller (c'est la *louche au puriau*), puise dans cette cuvelle, jette au loin la matière qu'il en retire avec la louche, et arrose à cinquante pas autour de lui. La cuvelle est ensuite transportée plus loin. Le charriot aux tonneaux suit, et l'opération se recommence. »

On laisse ensuite sécher la terre, étant séchée on la herse et on la brondelle pour la rendre très-menue.

Vers le 20 germinal on sème 4 hectog. 28 (sept huitièmes de livre) de carottes jaunes, et 1 hectog. 83 (trois huitièmes de livre) de petits rémolats gris (le rémolat gris est une espèce de *rave* que l'on cultive beaucoup en pleins champs dans ce pays, qui y sert à la nourriture des hommes, et qu'il ne faut pas confondre avec le *navet*) ou tous autres légumes précoces, tels que laitues pommées. Les graines sont mêlées ensemble.

On herse ensuite légèrement en longueur et en largeur.

On tire les rémolats ou autres légumes de terre, quand on va *entrecueillir* les carottes : on ne doit laisser qu'une carotte tout les dix pouces, (ancienne mesure.) Si on ne met pas de légumes dans les carottes, on peut y joindre 4 hectog. 89 (une demi-livre) de carottes rouges, qui sont données également aux bestiaux.

Vers le 10 vendémiaire on déplante les carottes pour les mettre en cave, après avoir coupé le verd. J'ai dit que les carottes étaient sur-tout réservées pour les chevaux ; on en donne aussi aux vaches, pendant l'hiver, coupées dans leur boisson.

Certaines personnes les font cuire un bouillon, avant de les donner aux vaches ; cela les rafraîchit.

On peut joindre , dans cette boisson, des fèves cuites , et de la bouillie de tourteaux de colzat.

Frais de la culture d'un cent de terre emplanté en Carottes dans l'arrondissement de Lille. (83 ares 037   .)

	f. c.		f. c.
Quatre labours à 1 f. 25 c. l'un.	5	d'autre part.	33 50
Fumier de basse-cour. .	18	graine de carottes.. .	1 50
Dix tonneaux de gadoue	10	— de légumes. . . .	60
Hersages après les labours.	0 25	hersage après semailles.	25
Brondelage.	0 25		
	33 50	Total des frais. .	35 85

N°. 18.

NOTES sur la culture des Carottes en pleine terre dans le département du Léman.

Par M. Charles Pictet, Rédacteur de la partie d'Agriculture de la Bibliothèque Britannique.

LE 8 mars 1799 , je semai en lignes espacées de deux pieds et demi, des carottes sur un seul labour en bonne terre fumée, dans un espace de douze mille pieds de surface.

La levée fut lente. Les mauvaises herbes dépassaient les plantes des carottes ; mais celles-ci ne furent assez fortes pour soutenir le sarclage que vers le premier juin. J'employai à cette opération quinze journées de femmes.

Le 25 juin, je commençai une seconde culture à la houe, qui employa huit journées de femmes.

Le 2 septembre, je commençai à faire couper l'herbe des carottes, qui était très-abondante. Je la fis donner successivement à mes vaches ; et pendant douze jours, dix vaches furent suffisamment nourries de cette herbe, qu'elles mangèrent toujours avec plaisir, et qui leur donnait beaucoup de lait.

Le 7 septembre, je commençai à faire arracher les carottes, pour les vendre à la ville, distant d'un quart de lieue. Le faisceau de quatre carottes (en compensant les petites par les grosses) se vendait 1 sou. On laissait une remise d'un tiers aux acheteurs qui prenaient un tombereau entier : ce qui le faisait revenir à 6 francs.

Dans l'espace dont il s'agit, je fis 23 tombereaux de racines sans herbe. Cet espace était, à très-peu-près, d'un quart d'arpent : c'est donc l. 138, ou pour l'arpent l. 552.

Frais.

Une demi-journée de charrue, ou pour l'arpent
    deux jours l. . . . . 24 ⎫
Vingt-trois journées de femmes à 24 sous, ou
    pour l'arpent quatre-vingt-douze jours. . . 115 ⎬
Frais de charrue pour l'arrachement. . . . 28 ⎬ 255
Hommes et chevaux pour charrier quatre-vingt-
    douze tombereaux. . . . . 48 ⎫
Femmes pour aider, nettoyer et arranger les ca-
    rottes. . . . . 40 ⎭

Reste rente nette par arpent. . . . . . . l. 297

Le 18 novembre 1799, je fis labourer en billons un espace de 6000 pieds de surface, avec le projet de fumer, au printems, dans les raies ouvertes, puis de refendre les billons, qui avaient trois pieds de large. La terre était fort légère et graveleuse par-dessous.

Au premier mars 1800, je semai les carottes en lignes, sur le fumier enterré, ainsi que je l'avais projetté.

Le 5 mai, je fis sarcler les carottes : il y eut six journées de femmes.

Le 14 juin, je fis donner une seconde culture qui employa quatre journées.

Le 7 septembre, je fis arracher les carottes, à la charrue, après avoir préalablement fait couper l'herbe pour les vaches. L'année avait été sèche : les carottes furent médiocres en grosseur, quoique de très-bonne qualité : il y en eut six tombereaux seulement. A calculer les frais sur le même pied que dans l'expérience précédente, c'est la rente nette par arpent, l. 160-10.

Dans l'hiver de 1800 à 1801, je fis labourer à la bêche un espace de vingt mille pieds de surface de très-bon terrein. Je le fumai au printems, et j'y fis semer, au 10 mars 1801, des carottes en lignes espacé es de deux pieds et demi.

Le 30 mai, je donnai la première culture.

Le 15 juin, on sarcla pour la seconde fois.

Dès les premiers jours de septembre, on commença à couper l'herbe.

Le 21 septembre je fis arracher les carottes à la charrue. Il y en eut trente-deux tombereaux. La récolte fut donc relativement plus faible que dans la première expérience, quoique le labour d'hiver à la bêche dût avoir mieux préparé la terre. La rente nette par arpent revenait à l. 250.

***

J'observe que dans le calcul des frais de ces trois expériences, je compte pour rien le fumier, parce que la fumure profite au blé qui succède, tout comme s'il n'y eût pas eu de carottes. Ces racines ont toujours été suivies de froment, et celui-ci a été très-beau et très-net.

Le sarclage des carottes est très-difficile, parce que les premiers développemens de la plante sont extrêmement lents, et que les mauvaises herbes la dépassent : pour hâter la végétation, il convient de déposer huit jours à l'avance la graine dans de la terre humide.

L'embarras de conserver les carottes l'hiver, en grande masse, est un obstacle à cette culture. Dans la paille, elles se sèchent, et dans le sable elles végètent : ce qu'il y a de mieux c'est la balle de blé.

C. PICTET.

Genève, 29 août 1804.

***

N°. 19.

CULTURE *des Carottes en pleine terre, avec un moyen d'accélérer la végétation des blés et des Carottes.*

Par M. *Alphonse le Roy, Professeur de l'École de Médecine,*
à Paris.

JE m'empresse de satisfaire à vos vues philantropiques et agricoles, et je vais, comme vous l'avez désiré, vous rendre compte de quelques-uns de mes travaux sur la culture du blé et de la carotte.

J'ai souvent réfléchi sur les avantages immenses que doivent retirer les Chinois de l'usage où ils sont de ne semer leurs grains qu'après les avoir fait préalablement germer. A ce moyen, d'un côté ils allongent l'année, et de l'autre ils abrègent le tems que les semences doivent rester en terre pour se reproduire. Ainsi, dans le nord, où depuis la récolte jusqu'aux semailles, on n'a que très-peu de tems, en semant les grains germés, on étend cette saison des semailles. D'un autre côté, lorsque les semailles en France, par exemple, ont été détruites par des pluies très-considérables, on peut, comme on le va voir, au moyen de cette germination, resemer très-tard.

Il est encore d'autres avantages dans cette germination, que je vais détailler ci-après en vous parlant de la carotte.

Il serait peut-être non moins important encore de développer un principe en agriculture auquel je me suis attaché : c'est qu'on ne doit jamais confier à un sol que des semences tirées d'un pays respectivement méridional à ce même sol, et ce principe m'a paru si important, que j'en ai fait le sujet d'un ouvrage séparé.

Parmi un très-grand nombre d'expériences qui vous confirmeraient l'importance de ces deux pratiques, j'en choisirai deux, l'une sur la manière dont j'ai cultivé et préparé le blé, et l'autre sur la préparation et la culture en grand de la carotte, objet principal de votre demande.

Vers le milieu de décembre 1793, lorsqu'il y avait déjà deux mois que les semences étaient faites, il me restait à-peu-près un arpent de terre préparé, mais non ensemencé. Je sentais que cet ensemencement serait inutile, parce que la terre alors refroidie ne permettrait plus le développement du germe. Le grain aurait bien pu se gonfler, mais il se serait putréfié, parce que le calorique constituant du grain qui se serait développé dans la germination, se serait dissous dans la terre humide et refroidie. En effet, si les semences sont perdues et détruites en grand nombre, même lorsqu'on les confie en tems opportun à la terre, et qu'elle se trouve trop humide et trop froide, combien cette perte, me disais-je à moi-même, doit-elle être plus assurée, en semant le grain dans une saison plus approchante de l'hiver? Je résolus de mettre en usage la pratique des Chinois, qui consiste à ne faire les semailles de leurs grains qu'après les avoir fait préalablement germer ; mais je crus devoir les encroûter d'un engrais propre à leur conserver le calorique qui se développe et qui est nécessaire dans la germination.

Ce qui m'affermit encore dans ce projet, c'est que les grands agriculteurs du canton me dirent que quand le blé en terre était bien germé, il était sauvé de tous les accidens que pouvait produire la plus forte gelée.

Je résolus encore de n'employer que des blés tirés de plus de trente lieues au midi de mon sol. J'eus une petite quantité de beau blé de la Beauce. Ce choix de grains méridionaux, et leur préparation que je vais indiquer, me parurent devoir être à la terre ce que sont à notre estomac et le choix du sol d'où nous tirons nos alimens, et leur préparation.

Tous les agriculteurs de mon canton, qui était en Picardie, blamèrent mon essai d'ensemencement aussi tardif. Tous me dirent que ma semence serait perdue, et moi j'étais persuadé du contraire. J'avais beau leur dire qu'en Courlande, et dans quelques provinces très-avancées du nord, on semait ainsi les grains presque germés ; je ne pus leur persuader ma théorie, quoiqu'il leur fût impossible de rien y objecter que je ne réfutasse facilement.

Voici comment je préparai mon grain : je le fis tremper pendant quarante-huit heures dans de l'eau dégourdie ; ayant ensuite égoutté l'eau, je fis la préparation suivante pour encroûter mon grain.

Je mêlai ensemble partie égale de fumier de mouton, de cheval, de vache, et de terre argileuse, débris d'une vieille cabane. Je délayai le tout dans de l'eau, et fis bouillir ce mélange épais pour enlever aux fumiers un principe volatil, âcre et putréfiant, et détruire en même-tems toutes les larves d'animaux. Je laissai refroidir le mélange, je le versai tiède sur mon blé. Je mélangeai le tout, ce qui fit sur ma semence un encroûtement, et j'y parsemai, en remuant mon grain, un peu de chaux éteinte. Je le couvris ensuite d'une large couverture de laine, et après 3 jours, il était considérablement grossi et commençait à germer.

Je semai ce blé le 22 décembre 1793, et j'employai un quart de semence moins que la quantité ordinaire, en raison du gonflement de mon blé et de son encroûtement. Le 28, c'est-à-dire, 6 jours après, il survint une forte gelée, mais mon grain pointait déjà hors de terre ; il résista parfaitement ; puis vinrent des neiges, et quoique ma semence eût été faite près de deux mois et demi plus tard que toutes les autres, je recueillis au commencement d'août, dans cette portion de terrein, une très-belle récolte.

Depuis j'ai conféré de cet essai d'agriculture

H 6

avec M. Tessier, chargé par le gouvernement Français de différens essais en agriculture. Il m'a rapporté qu'il a souvent vu, dans des blocs de terre gelée de grains de blé germé, lesquels au dégel se sont parfaitement développés; et dans ce cas l'extrémité de la foliole qui sort de terre est brulée quelquefois par la gelée, sans que pour cela la vie et du grain et du germe en souffre. Cette vie est suspendue, et lors du dégel de la terre elle se développe.

J'avais dessein de varier mes expériences sur cette germination, et enfin je l'ai appliquée à la culture en grand de la carotte. Je m'étais proposé de faire aussi sur cette racine beaucoup d'expériences, vu l'avantage considérable qu'on en peut retirer pour la nourriture et l'engrais des bestiaux, et même pour la nourriture de l'homme. Vu même l'utilité dont elle peut être sous beaucoup d'autres rapports, je pense que c'est une des cultures les plus lucratives.

Un des grands obstacles que rencontre la culture en grand de cette racine, c'est qu'elle exige des sarclages d'abord dispendieux, secondement très-difficiles, parce qu'il faut employer beaucoup de bras qui ne se rencontrent pas toujours. C'est l'inconvénient auquel j'ai paré, comme on va le voir, par la germination.

La graine de carottes est près de six semaines à pousser de petites folioles qui couvrent très-peu la terre, ce qui permet aux mauvaises herbes de croître, et sans des sarclages elles étoufferaient les premières feuilles et les plantes même de la carotte. Ce n'est que plus de trois mois après être semées, que les fanes grossissent, et à 5 mois elles sont très-vigoureuses et s'élevent à plus de 3 pieds de terre dans de bons terreins. J'avais fait couper dans une petite portion du terrein ensemencé ces fanes, ce qui m'a paru favoriser la grosseur de la carotte, que jai recueillie dans le courant de novembre.

J'avais dessein de semer avec de l'orge d'hiver cette graine de carottes, et par ce moyen j'aurais recueilli en juin mes fanes et mon orge, et en novembre mes carottes, qui étant restées près d'un an dans la terre, auraient été plus grosses et plus succulentes, et ce moyen m'auroit procuré une double récolte l'une dessus l'autre dans l'intérieur de la terre.

J'avais eu soin de faire trois labours très-profonds ; je ne fis le dernier que quelques jours avant d'ensemencer.

J'observe ici que mon terrein était un peu sablonneux. Voici comme je préparai ma graine.

Je la laissai infuser pendant six jours dans de l'eau de mare, ensuite je fis l'encroûtement pareil à celui de mon blé. J'y ajoutai de plus la décoction de suie de cheminée, afin d'écarter les insectes; ensuite j'enveloppai ma graine dans des linges trempés dans l'eau tiède, et j'enfermai le paquet très-humide dans du fumier qui conservait dans son intérieur une douce chaleur. Au bout de six jours mes graines gonflées étaient prêtes à germer. Je mis à-peu-près dix fois autant de terreau sablonneux que de graine. Je mêlai bien le tout et le fis semer dans ma terre que j'avais fait herser, et je fis passer par-dessus le rouleau. Au bout de dix à douze jours, mes carottes étaient levées, et elles couvrirent si bien la terre que les mauvaises herbes ne se montrèrent pas.

Deux mois après, je n'eus qu'à faire arracher un excédent qui me dédommageait bien amplement de la peine de l'arrachis, et au bout de quatre mois et demi j'aurais pu tirer des fanes une récolte précieuse. Enfin je recueillis d'un arpent de terre onze fortes charretées de racines.

Observez que ceci s'est passé en Picardie, province septentrionale de la France, et cette carotte me paraît appartenir plutôt aux pays froids qu'aux pays chauds. Elle paraît abonder d'autant plus en principe sucré, que le terrein où on la cultive a moins d'influence lumineuse, et est plus abrité par des montagnes ou des bois.

Il me paraîtrait important d'exciter cette culture de préférence dans les départemens septentrionaux.

Il me paraît également essentiel de conseiller à ceux qui voudraient essayer cette culture, de ne pas faire la faute de tirer leurs graines d'un pays septentrional respectivement à leur sol, mais bien d'un pays qui leur soit méridional, parce que c'est une loi générale que les produits des semences deviennent plus muqueux en allant du midi vers le nord, tandis qu'ils se détériorent en allant du nord au midi. Et je pense encore que le même terrein pourrait donner de suite deux récoltes abondantes, et que le blé qui serait semé après viendrait par merveille.

Il faut observer que le terrein ne soit pas nouvellement fumé, car la carotte ne veut pas de fumier, sur-tout nouveau, et dans ce cas elle est sujette à des chancres, et à être rongée par de petits vers.

Les botanistes distinguent deux sortes de carottes légumineuses ; l'une longue et l'autre ronde. Celle qui réussit le mieux en Picardie est une carotte longue, et la ronde me paraît réussir mieux vers le midi de la France. Il y a encore la blanche et la rouge. Je voudrais un mélange des unes et des autres.

J'ai nourri et engraissé avec cette seule racine plusieurs porcs, et la chair de ces animaux était d'un goût exquis et préférable à toute autre. Je leur donnais ces carottes préparées comme je vais l'indiquer.

La coction et la fermentation des alimens sont les préparations les plus propres à nourrir et à engraisser les animaux avec le moins de matière nutritive. C'est ce que m'ont démontré une foule d'expériences qui sont l'objet d'un grand travail, dont j'avais présenté une partie au Directoire, dans un ouvrage intitulé : *De la Nutrition des animaux domestiques.*

Ce moyen de nutrition que j'ai employé pour les porcs, je le crois applicable à tous les autres animaux domestiques, et même à l'économie humaine, ensorte que ce serait un grand bienfait pour l'humanité que la culture et l'usage en grand de cette racine.

Je faisais remplir un grand chaudron de fonte, de carottes lavées et coupées en deux ou trois. Je semais un peu de sel de tems en tems en remplissant mon chaudron, ainsi qu'un peu de poudre de feuilles de petite sauge et de thym desséché. Mon chaudron étant tout rempli de carottes, et ayant jeté un grand verre d'eau qui se précipitait au fond de la chaudière, je couvrais toute la surface avec du son que j'avais soin de tasser. Le chaudron étant placé sur un grand feu, l'eau se raréfiait, et le son tassé en dessus empéchait la vaporisation. Les carottes cuisaient dans cette vapeur et dans leur propre jus, et lorsque cette vapeur traversait le son par de petits pertuis humides à la surface, alors la coction était accomplie. L'odeur de ces carottes était

si agréable et leur goût si sucré, que les domestiques venaient prendre une portion de cette nourriture qu'on donnait chaude aux animaux ; ceux-ci
en étaient très-avides.

Par ce seul moyen, j'ai engraissé très-économiquement plusieurs porcs. Leur chair était excellente, et me coûtait deux tiers moins que celle obtenue selon l'usage ordinaire avec des grains légumineux et farineux.

Lorsque j'ai employé des grains farineux et légumineux pour engraisser les animaux, je les ai
fait broyer, et les ai fait fermenter avec le petit-
lait et avec les eaux de vaisselle et un peu de levain, et ces préparations ainsi arrivées par la fermentation à l'état vineux, engraissent bien plus
économiquement et bien plus rapidement que les
grains purs. C'est la base de tous les secrets des engraisseurs d'animaux en Allemagne. J'ai fait donner à mes vaches de ces carottes cuites, et après
cinq jours j'ai observé qu'elles donnaient beaucoup plus de beurre et de meilleure qualité.

J'ai donné de ces mêmes carottes cuites à une
grande chienne qui nourrissait ses petits, et après
quelques jours son lait, devenu plus abondant,
fournissait de la crème que je n'avais pu en obtenir
auparavant. Ce lait n'avait plus au goût cette acrimonie que fait toujours sentir le lait des chiennes
nourries de viande.

Je suis même persuadé que l'on pourrait employer cette nourriture de carottes pour des malfaiteurs condamnés à des travaux publics, et peut-
être punirait-on plus les criminels en les forçant au
travail, qu'en leur ôtant une vie dont ils ne connaissent pas le prix. On mêlerait les racines ainsi cuites

avec un peu d'orge germée et réduite en farine. On y ajouterait un peu de miel, un peu de fromage, et avec une portion de biscuit on donnerait une boisson de petite bière.

Par ce moyen on nourrirait à très-bas prix un très-grand nombre de malfaiteurs, on pourrait entreprendre d'incroyables travaux publics. Le travail rendrait les méchans à de bonnes mœurs, et la société retirerait du crime même un plus grand avantage que le mal qu'elle en aurait souffert.

Le produit de la carotte rivalise et l'emporte sur celui du blé, et ses avantages peuvent être mis presque à côté de ceux des plantes céréales.

En enlevant à la carotte crue par des lotions un principe âcre, en la faisant cuire ensuite, la broyant et la faisant fermenter avec un levain, on en tirerait un esprit ardent, et l'on pourrait autoriser l'usage de cette sorte d'eau-de-vie, et interdire la fabrication de celle du seigle, qui donne quelquefois l'épilepsie, ce qui rend cette maladie si fréquente dans le nord, comme je l'ai indiqué dans ma *Médecine maternelle*.

Je vous indiquerai, Monsieur, dans un autre tems, toutes les expériences qui prouvent combien il importe de tirer les semences d'un pays respectivement méridional. Ce sera le sujet d'un autre entretien, tiré, ainsi que cette lettre, d'un ouvrage que j'ai composé, *sur les Moyens d'améliorer et de multiplier les végétaux, les animaux et même l'homme, principalement au nord.*

Par ma fonction relative à l'enseignement public de la médecine à l'École spéciale de Paris, arraché à l'étude et aux expériences d'agriculture, je n'ai pu donner suite à tout ce que je me propo-

sais de faire, en appliquant à cette science de première nécessité, toutes mes connaissances sur l'économie animale et sur la chimie, ni rendre public ce
que j'ai fait sur l'art de nourrir et d'engraisser économiquement les animaux, et *spécialement le
cochon*.

(La *Théorie* et les *Essais* de M. Alphonse le
Roy, sur la culture des carottes, présentent sur-
tout un moyen digne d'attention, pour hâter la levée trop lente de cette graine précieuse. L'auteur
dit qu'il fut redevable de cette idée heureuse à ce
que nous savions de la pratique des Chinois. A ce
sujet, peut-être est-il bon d'observer que ce n'est
pas uniquement pour leur agriculture que les Chinois sont en usage de faire germer les semences. Ils
se servent aussi du même procédé, pour faire germer des légumes qu'ils mangent en salade.
- Ils mettent des pois ou des vesces, dans un sac
de très-grosse toile, ou dans un sac de crin. On le
fait tremper dans l'eau chaude. Ensuite on met le
sac sur une claie de bois, placée ou suspendue au
milieu d'une cuve, et l'on couvre la cuve. On verse
de l'eau par-dessus, cinq ou six fois dans vingt-quatre heures. Au bout d'environ quarante heures, les
vesces ont poussé des germes de trois pouces de
long. Alors on les retire et on les assaisonne.
La méthode d'accélérer la germination des graines
a été essayée pour les petites raves, pour les blés,
pour le trèfle, etc. etc. Bradley propose de l'étendre
à toute espèce de semences. Il conseille d'abord de
les mêler avec du son. Ensuite on met le tout dans
un vaisseau de bois ; on l'humecte de tems en tems
avec de l'eau de pluie ; on le laisse en digestion pendant sept à huit jours. Au bout de dix, on met les

semences en terre : elles germeront promptement.

Les essais analogues de *M. Tschiffely*, sur la graine de trèfle, qu'il enduisait d'huile d'olive et encroûtait avec du plâtre, seront développés dans le *Traité du Trèfle*. L'encroûtement des blés sera examiné à part.

Il est sur-tout à désirer que ceux qui voudront cultiver des carottes et des panais, se servent du moyen de M. Alphonse le Roy, pour hâter la croissance et diminuer les sarclages des racines dont il s'agit).

N°. 20.

Réponse de M. Rudler, Préfet du Département du Finistère, sur la culture des Panais dans ce Département.

Pour servir de supplément à l'article tiré des Observations de la ci-devant Société d'Agriculture de Rennes, N°. 2 du présent Recueil.

QUIMPER, le 13 fructidor an XII.

J'AI l'honneur de vous transmettre les renseignemens que j'ai pu obtenir sur la culture des panais dans les environs de Morlaix. Cette culture est répandue dans plusieurs parties du département ; mais elle est plus productive du côté de Roscoff, qui fournit en légumes le port de Brest et les principales villes du Finistère.

Les panais se cultivent encore en plein champ, mais sans mélange, dans plusieurs communes de l'arrondissement de Pont-Croix. C'est avec cette racine qu'on engraisse les chevaux, dont on fait dans ce pays un commerce important. Malgré l'usage journalier qu'on y fait des tiges et des feuilles, on ne s'est pas aperçu qu'ils eussent aucune qualité vireuse, comme vous m'avez prié de m'en informer.

Observations sur la culture de plusieurs végétaux alimentaires dans la sous-Préfecture de Morlaix, Département du Finistère.

Il résulte des instructions que j'ai reçues de M. Kerjean-Pastome, propriétaire et cultivateur intelligent, habitant la commune de Plougasnou, (voisine de celle de Plouézoch, située comme elle sur la côte de la Manche, et dont les procédés aratoires sont les mêmes) que la culture des panais, des carottes, des fèves et des choux, se fait par les procédés suivans, et présente les résultats que je vais exposer.

Préparation et nature des terreins.

En général, la terre des communes de Plouézoch et de Plougasnou a beaucoup de cohérence par sa nature argileuse, condition qui exige des travaux fréquens pour l'ameublir et faciliter le développement des racines charnues qui y sont déposées.

Au commencement de germinal, on ouvre la terre destinée à la culture dont il s'agit, en y faisant passer la charrue assez profondément, selon le plus ou moins de densité de la terre.

Après ce premier travail, on couvre la terre de fumier récent d'étables; on l'y laisse étendu pendant quinze jours, au bout desquels on repasse la charrue.

On observe de couvrir trois à quatre sillons, que l'on destine à la culture des choux, d'une plus grande quantité de fumier, et on donne la préférence au fumier de pourceaux.

J'observe ici qu'on cultive dans ces sillons des choux qui servent dans les cuisines, ou des choux vulgairement appelés *Choux à vache.*

A la suite de la charrue marchent des agriculteurs qui aplanissent les sillons et en font une plate-bande de trois à quatre pieds, qui se trouve séparée d'une plus grande par une fosse d'un pied environ.

A côté de cette première plate-bande et de la fosse qui l'avoisine, on en pratique une autre de trente à quarante pieds, destinée à l'ensemencement des panais et des carottes en commun. On continue cette division en grandes et petites plates-bandes et en fosses, selon l'étendue du champ.

La terre ainsi préparée est laissée quinze jours, pour attendre que les semences qu'on se propose de lui confier aient moins à craindre de la gelée, qui en arrête la germination ou peut la détruire.

Quand on juge que les choux peuvent être plantés, et les navets et les carottes semés sans danger, on s'en occupe.

Les choux qu'on plante ont été semés en thermidor de l'année précédente, et repiqués en vendémiaire.

Ensemencement.

Pour ensemencer pêle-mêle les panais et les carottes, on prend une quantité en poids de deux tiers de graines de panais, comme plus grosse, et d'un tiers de graine de carottes. On évalue que le prix de ces graines suffisantes pour ensemencer un arpent, s'élève de 4 fr. 50 cent à 5 fr.

Si l'on veut associer la culture des fèves aux légumes dont on a parlé, on en est le maître. On ne
leur consacre ordinairement, de distance en distance, qu'une petite plate-bande de quatre à cinq
pieds, afin de les pouvoir sarcler au besoin, sans
écraser les tiges de la plante, naturellement tendres.
On les sème ordinairement deux à deux, ou trois à
trois, à la distance de deux à trois pieds. Un bécheur
suit celui qui les sème après la charrue, afin de les
couvrir de terre à l'instant.

Du Sarclage.

Le sarclage devient plus précieux encore à cette
culture qu'à toute autre, et, en général, la beauté
des produits est relative au soin qu'on y donne, et
que l'intérêt ne manque pas de commander.

Le premier se fait avec un petit sarcloir, dans les
premiers jours de juin (mi-prairial), pour ménager
les plantes encore jeunes et naissantes.

Le second, à la fin de messidor, se fait avec un
sarcloir à plus grandes dents et à une plus grande
profondeur. A cette époque où la terre se durcit et
prend de la densité, il importe de détruire son
agrégation, afin de faciliter le développement des
racines : il est aussi nécessaire de détruire, en les
arrachant, les plantes parasites, et qui dépouille-
raient les racines des sucs nourriciers de la terre.

De la Récolte de ces Végétaux.

Si l'on a préféré la culture des choux à vache
aux autres, on commence à effeuiller les tiges en
prairial, et on continue, selon le besoin, jusqu'en
germinal de l'année suivante. A cette époque, la
plante étant épuisée, on en coupe les troncs, qui
deviennent un dernier aliment.

Les panais et les carottes restent en terre pendant l'hiver, attendu la température douce et peu froide dans ce pays. On les en extrait selon les besoins des hommes et des animaux, en observant, pour les animaux, de les leur donner crus et sans les laver préalablement.

On a interrogé sur la qualité vireuse que l'on soupçonne aux feuilles et aux racines de panais. Il paraît que cette opinion est hasardée, car les feuilles et les racines se donnent sans crainte aux animaux, ainsi que les feuilles de carottes.

Il faut observer ici que l'on associe encore à ces vég´taux les gros navets ou turneps; (mais ce serait l'objet d'un autre mémoire).

Quant aux fèves, si on les a aussi cultivées en commun, elles se recueillent sèches ou vertes.

Des Frais de culture.

On calcule, en général, qu'un journal de terre, mesure ancienne (équivalent à 32,000 pieds de surface) coûte, en frais de culture, de 44 à 45 fr. dans les tems ordinaires.

Des Produits.

Les cultivateurs s'accordent assez sur ce point, qu'un journal de terre bien cultivé, lorsque la saison est favorable, suffit pour engraisser, en trois mois, trois à quatre bœufs, en y ajoutant quatre à cinq kilogrammes de foin par tête, sur la vente desquels on peut faire un bénéfice de 600 fr.

Les chevaux et les cochons s'engraissent aussi, à l'aide de ces végétaux.

OBSERVATIONS GÉNÉRALES.

Cette culture, qui présente un avantage réel, exige un travail constant de la terre, travail qui seul suffirait presque sans engrais, dans un pays où les pluies sont fréquentes.

On se sert cependant de fumier, mais sans attendre qu'il soit parvenu à une entière combinaison de principes qui l'aient presque converti en terreau.

Le panais et la carotte viennent partout avec les soins qu'on y donne; mais on observe qu'étant des racines pivotantes, ils exigent une certaine profondeur de terre. Celle dont l'humidité ne s'évapore pas trop promptement paraît mériter la préférence.

Une dernière observation dont il faudrait justifier l'authenticité, car je ne peux la garantir, c'est qu'on doit éviter que les chats se couchent sur les sacs dans lesquels serait contenue de la graine de panais. Les agriculteurs, soit par tradition, soit par expérience, prétendent qu'elle ne pousserait pas.

Signé, le Sous-Préfet de Morlaix,
DUQUESNE.

———

LETTRE sur le même sujet.

TRÉBOUL, le 10 fructidor an 12.

Le panais se sème à la mi-mars (du 20 au 30 ventôse), dans de bonnes terres à froment ou à orge; la terre ne demande aucun engrais; elle doit être travaillée profondément à la pelle, ou à la marre ou tranche.

Cette racine ne craint rien des gelées; ainsi il n'en faut enfermer dans la terre que ce qu'on peut consommer pendant la rigueur de l'hiver.

Au mois de mars suivant (germinal) il faut en arracher la quantité dont on a besoin pour donner de la graine, et les replanter de suite, comme la

carotte,

carotte, à un pied de distance, en ayant soin de choisir les plus belles : quand vers le mois de juillet (du 10 au 20 messidor), elles sont à leur hauteur, il est prudent de les soutenir avec des échalats auxquels on les lie. La graine mûrit à la fin d'août ou mi-fructidor, et ne peut servir qu'une année.

Un journal de terre en panais peut, année commune, donner un revenu de 240 francs. Le prix de la semence de ce journal est de 8 à 9 francs. Le panais se mange dans la soupe et fricassé. Il est aussi très-bon pour engraisser les cochons et les chevaux, ainsi que les vaches.

Sa feuille est un excellent fourrage pour les vaches et les bœufs. Elle n'occasionne aucun fâcheux accident.

On peut aisément se procurer de la graine pour l'intérieur, dans les Communes d'Esquibier, Plogoff, Cléden, Primelin, Gouliez, Plozevet, Plouhines, Pouldrenzic, Lababan et Plavan. Pour en avoir dans les premières années, il faudra en rechercher de bonne heure, parce que cette graine ne se conserve qu'un an ; on n'en plante pour graine que ce qui peut être, à-peu-près nécessaire pour les besoins de ces Communes et celles environnantes.

Signé J. L. DREACH, aîné, Maire de Poulan, canton de Pont-Croix.

Ce qui vient d'être dit sur la semence des panais, doit faire rappeler ici un article particulier des écrits de M. Young, concernant la méthode qu'on suit dans le Comté d'Essex, pour obtenir en quantité la graine de carottes. En l'an 9, j'ai suivi le même procédé, et j'ai recueilli au Perreux, commune de Nogent-sur-Marne, de bonne graine de carottes, sur près d'un hectare de terre.

N°. 21.

CULTURE des Carottes pour graine, tirée du Voyage d'une semaine, de M. ARTHUR YOUNG, dans le Comté d'Essex.

EN 1792.

Semences de Carottes.

A WETHERSFIELD on a une singulière manière d'avoir de la graine de carottes ; il y a long-tems que cette méthode de culture y est en usage ; peut-être est-elle dûe à la nature du terrein : il y en a qui est une terre sablonneuse très-fertile, où l'on sème les carottes ; l'autre est un loam fort où on les transplante pour les faire grainer.

Avant de semer les carottes, le sol est préparé par plusieurs labours et autant de hersages, afin de bien atténuer la terre. On ne donne pas moins de trois labours, et l'on sème vingt livres de graine par acre, au mois d'avril. Cette quantité de semence paraît d'abord extraordinaire et inutile.

Ces carottes sont binées deux fois à la houe ; il en coûte 3 d. par perche, et les plans sont espacés de sept pouces.

A la Saint-Michel (fin de vendémiaire) on les arrache, on coupe les tiges à un pouce du collet de la racine, on les enveloppe de paille et on les place au grenier. On fait cette opération lorsque les racines sont bien ressuyées. Il paraît bien difficile de les conserver de la sorte ; car il faut les garantir de la gelée, et cependant ne les pas priver d'air.

La récolte en est communément très-abondante. On regarde comme un bon produit trois bushels par perche ; il y a des fermiers qui en récoltent quatre : le prix est depuis 6 d. jusqu'à 1 sh. 6 d. le bushel ; le prix commun peut être porté à 9 d.

Pour planter, au printems, les carottes destinées à produire la semence, on choisit une pièce de terrein frais, si on l'a à sa disposition ; à son défaut on les met dans la meilleure terre, et jamais on n'y met d'engrais.

La préparation du terrein consiste à faire des billons élevés de la largeur de deux ou trois sillons, au mois de février ou de mars, par un tems sec : on coupe le bout des racines à un tiers environ de leur longueur, et on en plante un double rang sur chaque sillon, de trois en trois pieds. Les carottes sont à trois pieds dans les rangées ou raies, et les rangées à deux pieds ; celles de la seconde raie sont plantées de manière à être vis-à-vis l'espace vide de la première rangée, ce qui forme une espèce de quinconce. On les bine deux fois en relevant la terre contre les tiges, et beaucoup plus au second binage qu'au premier. Cette culture coûte 10 sh. 6 d. par acre.

Cette espèce de plantation est souvent casuelle, moins cependant dans un terrein fort que dans un léger. En me promenant dans un champ où l'on avait planté des carottes pour avoir de la semence, j'en vis plusieurs pouries par la trop grande humidité ; d'autres, mangées par les vers, que j'arrachais sans éprouver de résistance.

Lorsque la semence est mûre, et qu'elle est sèche, des femmes en font la récolte en coupant
les tiges, pour le prix de 10 sh. par acre : elles
les mettent dans des draps, et des hommes les
battent et nettoient la graine ; ils en battent cinquante livres dans leur journée.

Cette récolte et sa valeur varient infiniment. Un
acre peut en produire dix quintaux ; quelquefois le
quintal a été vendu dix guinées. Le prix le plus ordinaire est depuis 1 l. 1 sh. jusqu'à 10 l. 10 sh. ; ainsi
le prix moyen peut être porté de 3 à 5 l. Ce produit
est casuel, comme toutes les autres récoltes : on
peut communément l'évaluer à six quintaux par
acre, et à 4 l. le quintal (ou 250 francs par hectare) ; et si ce produit était moindre, peut-être cou-
vrirait-il à peine les frais de culture.

Les récoltes de carottes pour semence, que j'ai
vues, sont celles de M. Dickson, fermier très-hon-
nête, et heureux dans ce qu'il entreprend.

N°. 22.

De plusieurs usages économiques auxquels on peut employer la carotte et le panais.

Savoir, 1°. Du sucre tiré de ces racines.

2°. Du syrop que l'on en prépare.

3°. De l'eau-de-vie qu'elles peuvent donner.

4°. Des confitures de carottes.

5°. De leur conservation sous forme sèche.

6°. De leur emploi dans la médecine.

1°. *Du Sucre de Carottes.*

M. MARGRAAF lut à l'académie de Berlin, en
1747, des expériences chimiques, faites dans le

dessein de tirer un véritable sucre des diverses plantes qui croissent dans nos contrées. Ce Mémoire latin est traduit en français dans la *Collection académique*, partie étrangère, tome 8, *in*-4°. page 130.

Les plantes que M. Margraaf avait essayées dans la vue d'en tirer du sucre, étaient principalement :

1°. La bette-blanche ou poirée (*Cicla officinarum* C. B.)

2°. Le chervi (*Sisarum Dodonœi*).

3°. La bette-rave (C. B.) ou bette-rouge.

Rien de plus curieux que les détails de ces essais, qu'on a trop long-tems négligés. M. Margraaf observait, avec raison, qu'on pouvait tirer de ces expériences bien des usages économiques. Il en indiquait un entr'autres. Le pauvre habitant des campagnes, au lieu d'un sucre cher, ou d'un mauvais sirop, pouvait se servir de ce sucre des plantes potagères, pourvu qu'à l'aide de machines simples, il pût exprimer le suc de ces racines, qu'il le dépurât de quelque manière, et qu'ensuite il le fît épaissir jusqu'à la consistance de sirop. Ce suc épaissi serait assurément plus pur que le sirop ordinaire et noirâtre du sucre, et peut-être même ce qui resterait, après son expression, pourrait avoir encore son utilité. Ce n'était qu'une conjecture du savant académicien. On verra tout-à-l'heure qu'elle a été réalisée, et qu'elle est devenue d'un usage habituel dans quelques parties de l'Allemagne.

M. Margraaf avait procédé de la même manière sur la carotte sauvage, à racine jaune. Par le moyen de l'expression, de la dépuration et de l'inspissation ou épaississement, M. Margraaf en avait tiré un suc extrêmement doux, mais qui tenait plus, selon

I 3

lui, de la nature du miel que de celle du sucre. Mais ni par la voie susdite, ni par le moyen de l'esprit-de-vin, il n'avait pas pu tirer de ces racines aucun sucre parfait.

La racine de panais, au contraire, à l'aide de l'esprit-de-vin, avait fourni à M. Margraaf du sucre, mais en très-petite quantité.

M. Deyeux, mon confrère à l'Institut national, que j'ai consulté sur la possibilité d'extraire du sucre de la carotte, m'a répondu que ce sucre ne peut pas être présenté comme un produit qui mérite de fixer l'attention.

J'ai engagé aussi MM. Baumé et Margueron, pharmaciens très-distingués, à s'occuper de cet objet. Voici les détails de l'expérience qu'ils ont faite, tels qu'ils m'ont été transmis par M. de Cossigny, mon confrère à la Société d'Agriculture de Paris.

Les carottes blanches, belles et choisies, qu'on avait demandées à Chauny, département de l'Aisne, sont arrivées à Paris, chez M. Baumé, le 5 fructidor an 12.

On en a pris trente livres qu'on a lavées avec soin. On a essayé de les mettre entières à la presse, mais elles ne se sont pas écrasées, et n'ont point rendu de liqueur. On les a mises dans un mortier de marbre, pour les piler; elles étaient élastiques, et sautaient par-dessus le mortier, à chaque coup de pilon, à-peu-près comme les os que l'on veut réduire en poudre: on a pris le parti de les couper par tranches, et de mettre une toile au-dessus du mortier. C'est de cette manière qu'on est venu à bout, non sans peine, de les piler imparfaitement.

On viendrait aisément à bout de lever cette difficulté, dans des travaux en grand, si cela était nécessaire : on les raperait de la même manière que les racines de manioc dans les colonies ; opération que M. de Cossigny avait trouvé le moyen de simplifier sur son habitation à l'Isle-de-France. Il avait fait adapter à son moulin à eau une roue qui avait environ quatre pieds de diamètre sur six pouces de largeur ; elle était recouverte d'une forte bande de cuivre, percée de trous, qui faisait l'office d'une rape, et qui était placée verticalement : au-dessus de la bande de cuivre était une trémie, dans laquelle on mettait les racines de manioc que l'on voulait raper. Par-dessus ces racines, il y avait une petite planche mobile, sur laquelle était fixé un poids qui les comprimait sur la roue. Une caisse un peu profonde, placée au-dessous de la roue, recevait les rapures. Lorsqu'elle était pleine, on la retirait pour enlever les rapures que l'on portait à la presse.

Je reviens aux carottes blanches employées par M. Baumé. On les a goûtées crues et cuites, et on les a trouvées très-peu sucrées, mais très-aromatiques.

Lorsqu'elles ont été grossièrement pilées, on les a soumises à la presse, qui est forte ; on en a retiré dix livres de suc, qui ont présenté quatre degrés, à l'aréomètre des sels. Ce n'est que le tiers du poids des carottes employées, tandis que les cannes à sucre du jardin des plantes ont donné moitié de leur poids de suc. On a passé au blanchet celui des carottes ; il n'a laissé aucun sédiment sur le filtre ; ce qui prouve qu'il ne contient point de fécule amilacée. Dans cet état, il rougit le papier bleu. On l'a fait évaporer rapidement, et on l'a clarifié avec un blanc d'œuf ; il a rendu peu d'é-

cume : on l'a passé une seconde fois au blanchet ;
il paraissait très-clair, et il était peu odorant.

Remis sur le feu, et concentré jusqu'au point de
former un sirop, il s'est troublé, et a déposé un
sédiment considérable de couleur blanche : alors on
l'a passé une troisième fois au blanchet, pour en
séparer le sédiment. Celui-ci pourrait être de même
nature que celui que M. Baumé a retiré de quelques
cassonnades.

On l'a fait évaporer jusqu'à quarante degrés
de l'aréomètre des sels. M. Baumé ne l'ayant pas
trouvé assez concentré, l'a remis sur le feu le lendemain ; il a obtenu dix onces environ de sirop assez
clair, qui ne paraît pas assez concentré, qui n'est
pas épais, qui n'a point d'odeur aromatique, et qui
est passable au goût. Il n'a jusqu'à présent point
fourni de cristaux.

Il paraît par cette expérience que les carottes
blanches contiennent très-peu de sucre, et que ce
végétal n'est pas très-propre à en fournir.

Cependant il faut dire que ces expériences, faites
en fructidor, ne sauraient être concluantes. La maturité des carottes, semées à l'ordinaire, ne saurait arriver à une époque si précoce. Dans le département de l'Aisne, où ces carottes blanches sont
sur-tout estimées, on ne les juge mûres qu'en octobre ou vendémiaire.

Cependant, au défaut de sucre, on peut retirer
un sirop de la carotte et du panais. Sa grande utilité
pour les habitans des campagnes, moins délicats que
ceux des villes, m'engage à consigner ici les procédés suivis à cet égard en Allemagne. Ils paraissent
assez faciles à répéter en France. Plus la carotte et
le panais auront d'emplois divers, plus leur culture
en grand aura d'attraits et d'avantages.

2°. Du *Sirop de Carottes.*

« *Extrait de la* Gazette d'Agriculture, Commerce, Arts et Finances, *du samedi 6 septembre* 1777.

D'Hanovre, le 7 août.

On a publié dans les *Annonces* de cette ville une recette très-détaillée pour faire *le sirop de carottes.* Comme cette espèce de confiture peut être de grande ressource pour les gens de la campagne, nous croyons qu'il est utile de la faire connaître. L'ingrédient qui la compose, croît dans presque tous les pays : ainsi il n'en est aucun où l'on ne puisse profiter de l'article qu'on va lire.

Pour faire ce sirop, il faut choisir parmi les carottes, les plus longues, parce qu'elles sont plus tendres, et qu'elles contiennent plus de jus. C'est ordinairement en automne qu'on a coutume de le préparer. Quand on a cueilli une quantité de carottes proportionnée à celle du jus qu'on veut se procurer, on les épluche, c'est-à-dire, qu'on en retranche les feuilles et les filamens, puis on les lave dans de l'eau fraîche. Le sirop se fait ou avec des carottes cuites, ou avec des carottes crues. Dans le premier cas, on fait cuire dans l'eau pure les carottes, après les avoir écrasées ou coupées en morceaux : il est nécessaire de remuer le tout sans relâche, pour que la masse ne s'attache pas au fond du vase. On reconnaît que les carottes ont acquis le degré de cuisson convenable, quand elles cèdent aisément à l'impression des doigts. Si l'on veut se dispenser de faire cuire les carottes, on les met dans des sacs de toile, et on les y écrase avec quelque instrument propre à cette opération : tel est, par exemple, celui dont on se sert pour broyer le lin,

I 5

et l'on a soin de recueillir dans un vase placé dessous des sachets, le suc qui sort des racines pendant qu'on les froisse. Les carottes cuites ou crues, étant suffisamment écrasées, on les enferme dans des sachets de toile forte, puis on les place en cet état sous une presse qu'on serre fortement, pour en faire sortir tout le jus qu'elles contiennent. Le marc de ces racines se conserve pour les bêtes ; on y mêle de l'eau pour qu'il ne s'aigrisse pas.

Lorsqu'on a tiré des carottes tout le jus qu'elles peuvent donner, on met cette liqueur dans un chaudron, pour la faire cuire à petit feu, jusqu'à ce qu'elle ait acquis la consistance d'un sirop épais. Il est bon d'y joindre, pendant qu'elle cuit, des petites tranches de citron frais. Plus ce jus s'épaissit, plus on a soin de le remuer, pour empêcher qu'il ne brûle, et ne contracte un goût d'empireume. Quand le sirop est suffisamment cuit, il faut le faire refroidir dans un vase de bois ou de terre ; ensuite on couvre le vase où on veut le conserver, soit d'un papier, soit d'une vessie, ou de toute autre chose capable d'empêcher l'air d'y pénétrer. On préfère le sirop fait avec des carottes qui ont été cuites d'abord, parce que cette première cuisson leur ôte un certain goût amer qui réside dans les parties grossières de la racine. Ce sirop, qui est actuellement fort en usage dans la Franconie et dans d'autres provinces d'Allemagne, est connu depuis très-long-temps dans le pays de Quedlimbourg sous le nom de *Jus de carottes*. On s'en sert pour tout ce qu'on apprête à la sauce brune. Il y en a qui le mangent sur le pain au lieu de beurre.

Ce sirop est très-économique ; il a de plus la vertu de purifier le sang, de calmer la toux, et l'usage ne saurait en être trop recommandé aux personnes qui ont quelque dispositions à devenir pulmoniques.

Les carottes semées en mars sont les meilleures ; il faut rejeter toutes celles qui ont été attaquées par les vers. On sait d'ailleurs que cette plante est excellente pour engraisser les bestiaux ; les porcs s'en accommodent très-bien , et cuites elles les engraissent beaucoup. On en nourrit avec succès les chevaux de chasse. Ceux de labour et de trait se trouvent aussi très-bien de cette nourriture.

Sirop de Panais.

Extrait du Traité sur les propriétés et les effets du sucre , par le Cit. F. Lebreton , Inspecteur-général des Remises et Capitaineries , de l'Académie royale des Sciences d'Upsal, etc. A Paris, 1789 , in-12.

Sucre et Sirop de Panais.

En Thuringe, on tire des panais une espèce de sirop dont les gens du pays se servent au lieu de sucre ; ils en mangent même sur le pain. Il passe pour être un bon remède contre les rhumes et la pulmonie, et contre les vers auxquels les enfans sont sujets.

Pour faire ce sirop, on coupe les panais en petits morceaux, on les fait bouillir dans un chaudron , jusqu'à ce qu'ils soient assez tendres pour s'écraser entre les doigts : on a soin de les remuer, pour qu'ils ne brûlent point ; après cela on les écrase, pour en exprimer le suc, qu'on remet bouillir ensuite avec d'autres panais coupés aussi par petits morceaux : on fait évaporer le jus , en observant d'enlever l'écume qui s'y forme. La cuisson peut durer quatorze ou quinze heures ; pendant ce tems, on a soin de remuer lorsque le sirop veut fuir : enfin,

quand la liqueur a acquis la consistance de sirop,
on la retire de dessus le feu, parce que, quand on
continue la cuisson plus long-temps, on obtient de
vrai sucre.

Les sirops dont on vient de lire les recettes, paraissent être évidemment des applications de l'idée
qui était venue au chimiste Margraaf, lorsqu'il
essaya de tirer du sucre de plusieurss racines potagères. Je crois que la cuisson de la carotte et du panais
devrait se faire à la vapeur. C'est ce qu'on n'a pas
essayé. Maintenant il faut voir si la carotte pourrait
être distillée avec avantage. On n'en douterait pas,
si l'on s'en rapportait à une expérience que les Anglais ont publiée, et que l'on va transcrire.

3°. *Eau-de-vie de Carottes.*

*Des observations sur la quantité de liqueur spiritueuse qu'on
peut obtenir d'une quantité donnée de Carottes, par
M. Hoornby, d'York, ont été insérées dans les Mémoires
de l'ancienne Société d'Agriculture de Paris, trimestre
d'hiver 1788. C'est cet Anglais, qui en rend compte, et
s'exprime en ces termes:*

Voulant déterminer avec exactitude la quantité
spiritueuse qu'on peut obtenir d'une quantité de carottes, j'ai fait l'expérience suivante.

Le 18 octobre 1787, j'ai pris 2,240 livres de carottes que j'avais laissé sécher pendant quelques
jours : je les ai nettoyées, lavées, et après les avoir
parées, elles pesaient 54 livres de moins. J'ai coupé
alors ces racines par morceaux, et j'en ai mis un
tiers dans un vaisseau de cuivre avec 96 pintes d'eau;
j'ai couvert soigneusement le vaisseau, et je l'ai
échauffé pendant trois heures : au bout de ce tems,
toutes les racines se sont trouvées réduites en une

espèce de bouillie. J'ai traité de la même manière
les deux tiers restant, et à mesure que les carottes
en bouillie étaient enlevées de dedans la chaudière,
on les passait à la presse, et on en exprimait ainsi
très-aisément le suc. J'ai obtenu, par ce moyen,
800 pintes d'une liqueur très-douce et semblable
au moût. Je l'ai versée dans une chaudière, en y
ajoutant une livre de houblon ; au bout de quarante-
huit heures ou environ, la liqueur a commencé à
bouillir : on l'a laissée dans cet état pendant cinq
heures, après quoi on l'a mise dans le brassin, où elle
a demeuré jusqu'à ce que le degré de chaleur ait été
au soixante-sixième du thermomètre de Fahrenheit.
Du brassin, on a versé la liqueur dans la cuve, et on
y a ajouté, comme cela se pratique ordinairement
pour les autres liqueurs, six pintes de levure de
bière. Le mélange a fermenté quarante-huit heures,
et pendant tout ce tems, la chaleur a diminué, ce
qui est contraire à ce qui arrive dans les autres liqueurs.

Lorsque la levure a commencé à tomber, le thermomètre, plongé dans la liqueur, a marqué 58 degrés ; j'ai fait chauffer alors 48 pintes de suc de carottes qui n'avaient subi aucun degré de fermentation, et l'ayant versé dans la liqueur, le thermomètre est monté de nouveau jusqu'au soixante-sixième
degré. J'ai laissé la fermentation s'établir derechef,
pendant vingt-quatre heures ; au bout desquelles le
mélange a fait monter, comme auparavant, le thermomètre au cinquante-sixième degré. Comme la liqueur
perdait dans la cuve, d'heure en heure, de sa chaleur,
je crus qu'il serait à propos d'avoir du feu dans l'a-
telier, tant que durerait la fermentation. Le tout
étant resté trois jours dans la barrique, je l'ai mis

dans un alambic, et j'ai retiré par la distillation 200 pintes de liqueur, qui, rectifiée le jour suivant, m'a fourni, sans addition d'aucun liquide, 48 pintes de l'eau-de-vie dont j'envoie un échantillon. (La Société d'Agriculture a eu sous les yeux un flacon de cette liqueur, qui a paru d'un bon goût et qui était très-limpide.)

Le marc des carottes a pesé 672 livres, ce qui, joint aux issues, telles que les têtes et les queues des racines, a fourni une très-bonne nourriture pour les cochons, meilleure même, à ce que je crois, que celle qu'on obtient des grains brassés. On peut encore ajouter le résidu de l'alambic qui a donné 456 pintes, comme on le voit. Un arpent de carottes ainsi traitées, fournit un résidu plus considérable ; d'après mon expérience, un acre produisant 20 tonnes de carottes, doit donner 960 pintes d'eau-de-vie, de la force de celle que j'envoie ; c'est beaucoup plus que ce que l'on peut obtenir du meilleur produit d'un acre de terrein semé en orge. Je porte les frais de culture d'un acre de carottes à 200 livres, y compris le fermage, les labours, les sarclages, etc. Autant que je puis croire, les frais de l'extraction de l'eau-de-vie doivent se monter à 360 livres ; ainsi évaluant cette eau-de-vie, non compris les droits, à 4 liv. 4 s. les quatre pintes ou 21 sous la pinte, prix ordinaire de l'eau-de-vie de grains, on voit qu'un acre doit donner 408 livres de profit, sans compter les issues, qui forment un article considérable dans les grands ateliers. »

Je dois dire que nos chimistes les plus accrédités ont peu de confiance dans cette assertion de Monsieur Hoornby. Voici, du moins, ce que m'écrit à ce sujet M. Deyeux, qui est connu par son zèle et par sa science.

Je lui avais demandé si les carottes pouvaient servir à faire de l'eau-de-vie, et en admettant qu'on pût en obtenir, si le produit mériterait de fixer l'attention ?

Il m'a répondu qu'il est prouvé que les carottes contiennent du sucre, qu'ainsi donc il n'est pas douteux qu'elles sont susceptibles de passer à la fermentation vineuse, et par suite, de donner de l'eau-de-vie ; mais comme encore la quantité qu'on peut espérer obtenir de ce produit, doit être calculée d'après celle du sucre dont ces racines sont pourvues, on conçoit aisément qu'il ne faut pas faire entrer l'alkool ou l'eau-de-vie, dans le nombre des produits utiles que la carotte peut fournir.

A cet égard, ajoute M. Deyeux, je puis parler d'après mes propres expériences. Dans un travail très-étendu que j'ai fait sur beaucoup de racines sucrées, je n'ai pas omis de soumettre les carottes à la fermentation ; j'y suis parvenu assez facilement, mais je n'ai pas tardé à remarquer que la fermentation était toujours lente, qu'il fallait la suivre avec le plus grand soin, et que l'eau-de-vie que je séparais ensuite, était bien éloignée de m'offrir, eu égard à sa petite quantité, un résultat avantageux. Cette eau-de-vie, à la vérité, était de bonne qualité, mais elle n'avait rien qui dût la faire préférer à celle qu'on obtient des semences céréales, sur-tout lorsque cette dernière a été faite avec soin.

L'eau-de-vie que peut fournir la carotte doit donc être considérée, suivant M. Deyeux, comme ne pouvant jamais offrir aux spéculateurs un avantage assez marqué pour qu'ils puissent s'en occuper.

Il reste à savoir cependant ce que l'on obtiendrait de ces racines mélangées avec d'autres racines. J'ai annoncé, dans une note de la nouvelle édition, du *Théâtre d'Agriculture* (tome 1er. *in*-4°. pag. 495), que des cultivateurs-chimistes s'occupent des moyens de faire ces combinaisons, et en espèrent du succès. Il y a donc encore bien des essais à faire pour savoir à quoi s'en tenir sur cet objet, qui a une grande importance. On peut voir ce que j'en ai dit dans la note citée.

4°. *Confiture de Carottes.*

Extrait du Dictionnaire de l'Industrie.

« L'art relève beaucoup la nature des alimens : mais il s'en trouve quelquefois dont il est possible de tirer plus de parti. La carotte qui, après le chervi, est la racine la plus sucrée, est dans ce cas. Il est possible d'en faire d'excellente confiture ; ce qu'apprendraient vraisemblablement avec plaisir des personnes retirées dans le fond des provinces avec une fortune médiocre, qui sont toujours hors de portée, et souvent hors d'état de se procurer certaines douceurs.

Comme on emploie pour faire ces confitures du vin doux, on ne peut les faire que dans le tems de la vendange. On prend des carottes que l'on ratisse ; on les fait blanchir, c'est-à-dire, qu'on les fait cuire dans de l'eau pendant un quart-d'heure. On prend ensuite d'excellent vin doux, tel que la mère-goutte qui découle la première du pressoir ; on en met dans un vase une assez grande quantité pour que les carottes que l'on mettra ensuite dedans en soient recouvertes : il est bon de faire bouillir le vin et de l'écumer avant d'y mettre les carottes ; on les fait cuire dans ce vin en y ajoutant un peu de cannelle et du miel : l'on reconnaît que la confiture est à juste degré de cuisson, lorsqu'en ayant retiré un peu sur une assiette, elle s'épaissit et brunit en se refroidissant ».

J'ai laissé parler sur ce point le Rédacteur très-estimable de ce recueil sur l'industrie. Mais il faut toujours faire honneur à ceux qui ont écrit les premiers sur chaque matière. Or, l'illustre OLIVIER DE SERRES a publié, depuis deux siècles, la substance de cet article. Il faut lire dans son chapitre 3o *la façon des confitures*, (Livre VIII, ch. 2), ce qu'il dit de celles au moût.

« Au moût, dit-il, sont faites de fort bonnes
» confitures, ne cédant de beaucoup à celles du
» miel, pourvu que le moût procède de raisins ex-
» quis, crûs en vigne vieille sise en pays sec, exposé
» au soleil ; car d'espérer confiture de valeur de
» moût sortant de raisins aigres, verts, mal qua-
» lifiés, est se decevoir à son escient. Aussi est-il
» nécessaire, pour bien ouvrer, de se servir de
» moût récemment exprimé des raisins, de peur
» que par séjourner tant soit peu, se convertissant en
» vin, perde sa vertu du tout requise en cet endroit.
» Des carottes, pastenades et côtes de poirée, se
» fait de bonne confiture au moût. Les carottes et
» pastenades seront bien lavées, pour les décharger
» de terre, après raclées, leur ôtant toute l'écorce
» endurcie. Les petites laissera-t-on entières ; mais
» des grosses, deux pièces en seront faites, pour
» tant plus facilement les faire pénétrer au moût

» Les côtes de poiré ou blette seront choisies grosses
» et tendres, coupées de la longueur de demi-pied;
» icelles, avec les pastenades, seront bouillies dans
» l'eau claire pour les attendrir, et cela fait, mises
» cuire dans le moût, y ajoutant pour fin de la can-
» nelle pulvérisée ».

5°. *Conserve anti-scorbutique de Carottes, qui ne se gâte point.*

Je trouve dans un Livre Anglais une manière
singulière de préparer les carottes pour l'usage
des marins, dans les voyages de long cours. C'est
dans le tome 5 des *Georgical Essais*, ou des
Essais sur des Matières d'agriculture. (Londres, Dosdley, 1777).

Voici cette recette, qui paraît un peu chère,
parce qu'il y entre du sucre, mais qui doit être
aussi très-bonne. « Prenez des carottes au mois de
septembre ou d'octobre. Coupez-en les queues et
les fanes; faites-les bien laver dans de l'eau chaude;
ratissez-les, coupez-les en tranches d'environ deux
pouces d'épaisseur, jetant ce qui n'a pas ce volume.
Placez ces tranches dans un grand vase de cuivre,
avec quantité suffisante d'eau, pour qu'elles ne s'at-
tachent pas au fond. Couvrez le vase. Mettez-le sur
un feu modéré. Faites bouillir jusqu'à ce qu'on
puisse broyer les carottes. Ecrasez-les alors, et pas-
sez-les dans un crible à grosses mailles. Prenez ensuite un poids égal à la pulpe des carottes, de sucre
en pain, et réduisez comme à l'ordinaire en consistance convenable en remuant constamment; lorsque le tout est froid, mettez cette marmelade dans
des pots couverts de papier trempé dans l'eau-de-
vie, et d'un autre papier sec »

A cette occasion, je crois devoir donner encore les indications relatives à la conservation des carottes, que je tiens de M. Lasteyrie, mon confrère à la Société d'Agriculture de Paris.

M. Lasteyrie a fait un assez grand nombre d'expériences sur la conservation des légumes et des racines. Il a trouvé plusieurs moyens de conserver les carottes. 1°. Il les a coupées en rouelles ou en tranches longitudinales, et il les a fait sécher au four ou au soleil, sans leur avoir donné une cuisson préalable. 2°. Il les a rapées crues et les a fait sécher au four, après les avoir légèrement exprimées et les avoir étendues sur des torchons. 3°. Il les a fait cuire ; il les a coupées en tranches, et les a fait sécher d'après la méthode indiquée ci-dessus.

On peut conserver les carottes par ces trois méthodes pendant plusieurs années, ainsi que M. Lasteyrie l'a éprouvé. Il suffit de les enfermer dans des boîtes où les insectes ne puissent trouver accès.

La première méthode est la moins bonne ; lorsqu'on a conservé ainsi ces racines, et qu'on les soumet à la cuisson pour en faire usage, elles ont un peu de dureté qui les rend moins agréables que lorsqu'elles sont fraîches.

Par la seconde méthode, on obtient une poudre grossière qui est très-bonne pour épaissir le bouillon des potages ou les ragoûts, et leur donner une saveur agréable. On pourrait aussi en faire une espèce de bouillie. On croit qu'on pourrait tirer le jus des carottes ainsi rapées pour faire du syrop ou des confitures, et que le marc pourrait également servir pour l'usage que l'on vient d'indiquer.

M. Lasteyrie conseillerait d'employer de préférence la troisième méthode. Lorsque la cuisson est faite à point, ce qui s'apprend facilement par l'expérience, les carottes, après avoir été séchées, deviennent transparentes et ressemblent à du sucre d'orge. On les fait tremper pendant quelques heures, et on leur donne le dernier degré de cuisson, lorsqu'on se propose d'en faire usage sur la table.

M. Lasteyrie cite plusieurs Auteurs Allemands, d'après lesquels la graine de carotte, très-aromatique, est employée, sous le rapport de cette propriété, dans la bière.

6°. *Vertus médicinales des Carottes.*

« *Découverte importante d'un topique propre à guérir les cancers et ulcères, par* M. J. C. Soultzer, *premier Médecin de* M. *le Duc de Saxe-Gotha, en* 1766, *et son application à un ulcère à la lèvre, en* 1772, *par* M. Denis, *Chirurgien-Major de l'hôpital de St.-Venant, en Artois.*

Dans le *Journal de Médecine, Chirurgie et Pharmacie, de Roux,* (janvier 1766), on loue la générosité avec laquelle M. Soultzer communique au Public l'efficacité d'un topique de carottes, pour la guérison d'une maladie aussi rebelle et aussi dangereuse que le cancer ulcéré.

Les carottes ou racines du *daucus sativus* n'avaient guère été employées jusqu'alors que comme aliment. Schober était le seul médecin qui eût recommandé l'usage de leur suc mêlé avec le miel, pour les aphtes, et de leur décoction contre la toux des enfans et la pthisie. On cite à ce sujet la *Matière médicale de Crantz*, tome I, page 25. Cependant cette plante est d'une famille qui fournit les remèdes les plus actifs que nous offre le règne végétal ; ce qui aurait dû faire soupçonner depuis long-tems qu'elle n'était pas sans efficacité.

Voici la manière dont M. Soultzer prescrit l'usage des carottes contre le cancer.

« Prenez des carottes récentes, *daucus sativus,* en allemand, *Moërhen, gelbe rüben* ; rapez-les avec une rape à chapeler le pain ; exprimez-en le suc en le passant dans la main seulement ; faites chauffer le marc sur une assiette ou dans un poélon de terre ; appliquez-le sur l'ulcère en guise d'un cataplasme bien épais. S'il y a des enfoncemens, des clapiers, etc. il faut les en remplir, de façon que le remède touche immédiatement les chairs de l'ulcère dans tous leurs points ; couvrez le tout d'une serviette bien sèche et un peu chaude.

Il est nécessaire de renouveller ce pansement deux fois en vingt-quatre heures ; on enlève à chaque fois le vieux cataplasme ; on lave et on nettoie en même-tems l'ulcère avec un pinceau de charpie trempé dans la décoction chaude de ciguë (*cicuta major fœtida*).

L'effet de ce topique est de calmer les douleurs, et en peu de jours, de détruire l'odeur insupportable qui accompagne toujours les ulcères cancéreux. La suppuration diminue ; au lieu de sanie et d'une matière ichoreuse, la plaie ne rend plus qu'un pus louable ; à la longue, les bords durs et calleux de l'ulcère se ramollissent ; la tumeur diminue et disparaît peu-à-peu, les chairs se régénèrent, la cicatrice se forme, en un mot, l'ulcère se guérit.

Ce cataplasme produisant un tel effet sur le plus malin de tous les ulcères, il est plus que probable, suivant M. Soultzer, qu'on pourra l'appliquer utilement pour les autres maladies de ce genre.

En effet, on trouve dans le *Recueil d'Observations de Médecine et des Hôpitaux militaires,* par Richard de Hautesierk, qu'un enfant de sept mois, ayant à la lèvre supérieure du côté droit un ulcère rebelle, M. Denis saisit l'occasion d'éprouver le cataplasme de carottes. Il appliqua sur cet ulcère, qui avait résisté à tous les remèdes, une marmelade de carottes, et il la soutint avec un bandage approprié à la partie et aux besoins de l'enfant : la mère, qui se portait bien, continua de l'allaiter. Le troisième jour de l'application des carottes, la mauvaise odeur que fournissait l'ulcère, s'évanouit ; les bords ensuite se ramollirent insensiblement, et il survint une suppuration de la même qualité ; enfin, les callosités de l'ulcère étant abaissées et fondues, la régénération des chairs commença à se faire, et ensuite la cicatrice se forma ; elle fut parfaite au bout d'un mois, etc.

Le même M. Denis guérit aussi par les cataplames de carottes un ulcère chancreux au visage d'un homme de quarante ans, dont on avait tenté inutilement la guérison par le mercure, par l'emplâtre de ciguë, etc. Les détails de cette cure sont intéressans à lire dans le Recueil cité, tome 2, in-4°. p. 561.

Je pourrais indiquer encore aux gens de l'art la *Bibliothèque chirurgicale*, de Richter, où l'on trouve une observation de Michaélis sur l'efficacité du cataplasme de carottes contre les tumeurs scorbutiques ; et un *Traité anglais*, de Nicolas Robinson, sur la vertu des carottes sauvages contre les graviers de la vessie. (Londres, 1772, in-8°.)

Les auteurs de la partie médicale dans *l'Encyclopédie méthodique*, disent avec raison que les propriétés de la carotte ne sont pas toutes connues, et qu'il y a sur ce point des découvertes à faire.

N°. 23.

Le Calendrier du Fermier, ou l'Annuaire pour la culture des Carottes et des Panais.

Extrait du Calendrier du Fermier, *traduit de l'anglais*, *par* M. de Guerchy, *et de l'*Année champêtre, *du* P. Dardenne.

INTRODUCTION.

Des différentes espèces de Carottes. (Année champêtre.)

Les espèces qu'on sème dans les jardins sont aisées à distinguer par leur couleur et par leur figure ; mais le premier caractère est le plus positif, car l'autre n'est qu'une variété à laquelle Tournefort ne s'attache pas. En effet, l'auteur de l'*Année champêtre* a vu des carottes rondes qui sont venues de la graine des carottes longues blanches et des jaunes. Ce n'est que la rouge qui n'en a point produit de rondes. L'auteur, écrivant en Provence, connaissait la carotte jaune, la carotte blanche, et la carotte rouge.

Ces trois espèces sont à-peu-près les mêmes pour la taille : la racine est droite, longue d'un pied, unie. Sa grosseur, qui dépend de la bonté du terrein, et des façons qu'on lui donne, diminue insensiblement depuis sa tête jusqu'à sa pointe. La fane de toutes les espèces se ressemble assez ; elle est agréablement divisée en un nombre infini de petites parties, dont chacune forme une espèce de feuille.

L'es èce blanche est par-dehors et intérieurement d'un blanc roussâtre. La jaune, tant en dehors
qu'en dedans , porte une couleur qui varie beaucoup ; il y a une infinité de nuances , depuis celle de
l'orange , jusqu'à la couleur de la paille la plus
pâle , et la troisième est d'un rouge sombre tirant sur
le violet. Cette couleur varie quelquefois, c'est-à-
dire , qu'elle est plus apparente dans la circonférence que dans le centre de sa chair , en certaines ;
elle est , en d'autres, unie partout.

Les carottes, appelées *rondes* , soit la blanche, soit
la jaune, sont courtes, grosses et formées en toupie ;
elles ne diffèrent que par cette configuration des espèces dont elles ont dégénéré , car d'ailleurs leur
goût est tout semblable , et leur usage n'est point différent. Ce qu'elles ont de propre, c'est que ne pi-
quant pas autant en fond que les longues, elles craignent davantage la sécheresse : sur quoi on peut se
régler tant pour les arrosemens , que pour la nature
des terres. On peut encore observer sur la distinction
des espèces, que la carotte jaune est plus délicate ,
plus tendre et cuit plus facilement que les autres , et
que la blanche résiste mieux aux humidités de l'hiver, qui souvent font périr la jaune.

Suivant Olivier de Serres, on donne le nom de
pastenade à l'espèce rouge ; mais en plusieurs endroits de ce royaume, dit-il, on appelle sans distinction *carottes* ou *pastenades* les racines dont il est
question. Le dernier nom de *pastenade* est celui
dont les Provençaux se servent pour dire des carottes. L'auteur de l'*Année champêtre* croit, qu'a-
fin de ne pas méconnaître la carotte, on lui en doit
conserver le nom , et à elle seule.

(Nous avons vu ci - dessus , page 166 , qu'en
Flandres

Flandres l'on appelle les panais du nom de *carotte blanche*, mais ces deux racines ne sont pas pour cela confondues. Le panais est la *pastinaca sativa*, nommée en Flamand *pastenacken*; et la carotte est le *daucus carotta*, que l'habitant du département de l'Escaut appelle *tape* ou *knol.*)

La carotte rouge obscur, est celle dont on fait plus de cas en Angleterre. La blanche est la plus cultivée en Italie. Et en France on cultive beaucoup l'orangée, qui est plus tendre, gracieuse à voir, plus délicate et plus douce; l'auteur l'avait tirée de Hollande. Mais d'après les observations de M. Alphonse le Roy (ci-dessus, N°. 19), il est plus convenable et plus sûr de tirer la graine du midi que du nord. Il serait donc à désirer que des cultivateurs du midi s'adonnassent à cette culture, dans la vue d'obtenir de la graine, qu'ils seraient certains de placer avantageusement dans les départemens placés au septentrion.

De la Carotte sauvage. (Année champêtre).

Cette espèce de carotte qui croît dans les champs, aux lieux sablonneux et secs, ainsi que dans quelques prés, a la racine plus petite que celle de la carotte cultivée; son goût est plus relevé et plus âcre en campagne, mais il s'adoucit par la culture : l'Auteur de l'*Année champêtre* en avait fait semer; on lui avait donné le même soin qu'à la carotte franche, et son goût avait plu généralement. Ainsi, quoiqu'on ait facilement la carotte des jardins, on peut fort bien lui associer celle-ci, qui est le vrai *daucus officinarum* de C. B. Son extérieur ne diffère pas de la *carota vulgaris* : l'avantage qu'elle a eucore, c'est de n'être pas délicate pour l'éducation, s'accommodant de tout terrein.

Des Panais. (Année champêtre.)

La multiplicité des noms différens imposés à une même plante, ou le même nom donné à différentes plantes, a augmenté la difficulté qu'on trouve dans leurs histoires, et a donné lieu à plusieurs méprises essentielles en botanique, qu'on semble cependant vouloir encore augmenter par les nouvelles dénominations que plusieurs écrivains donnent chaque jour aux plantes; variété plus capable d'induire quelquefois en erreur, que d'éclairer les doutes. Pour éviter cet écueil, l'auteur de l'*Année champêtre* dit qu'il n'a point voulu donner à la carotte le nom de *Pastenade*, sans explication, et qu'il le donne à la racine connue des Provençaux sous le nom de *Gérouille*, exclusivement à d'autres : il suit en cela Dioscoride, d'Alechamp, et nos jardiniers modernes.

Il l'appelle donc en français, *Panais* ou *Pastenade*. Il la divise encore en deux espèces; l'une cultivée et l'autre sauvage. D'Alechamp a donné de la première une figure assez ressemblante.

Les panais de jardin, dont on ne mange que la racine, diffèrent entre eux en couleur et en forme. L'auteur de l'*Année champêtre* en connaissait aussi trois espèces. La racine de l'une est assez longue, et presqu'également grosse dans toute sa longueur; elle se divise en quelques branches moindres : sa couleur est blanche, et en dedans, et par-dehors; sa forme est inégale et raboteuse.

L'autre espèce, à-peu-près semblable à la première, en diffère néanmoins, en ce que la racine est moins longue, que sa chair est plus unie, tire un peu sur le jaune. L'auteur en avait reçu la graine de Paris : il demande si ce ne serait pas le panais de Siam, dont parle M. de Combe, dans l'*École du Jardin potager*, et qu'on préfère comme plus tendre et plus moelleux?

L'espèce qui diffère des autres, est le panais appelé *Rond*, parce qu'en effet sa racine est plus grosse et plus courte, ressemble de quelque façon, en figure, au navet rond.

Ces différences de forme et de couleur n'en apportent point cependant à la culture de toutes les trois espèces, et elles servent également.

Panais sauvages, ou *seconde espèce*.

Cette seconde espèce diffère de la précédente en ce que ses feuilles sont plus petites, et sa racine est plus petite aussi, plus dure, plus ligneuse, et moins bonne à manger. Elle croît aux lieux incultes ; et quoiqu'elle ne se sème point dans les jardins, on la mentionne, parce qu'elle sert dans les repas de nos gens de campagne, qui s'en accommodent fort bien quand ils n'ont pas du panais de jardin.

Garidel dit qu'on trouve cette plante presque dans tous les lieux humides, et le long des ruisseaux, aux environs de la ville d'Aix ; elle est commune aussi dans les champs et dans les vignes de la ci-devant Provence.

Les essais de l'auteur de l'*Année champêtre*, sur la semaille des graines de carottes sauvages et de panais sauvages, méritent d'être répétés : peut-être on obtiendrait par-là des variétés plus rustiques, plus propres à tous les terreins, etc. que les variétés jardinières.

Nous allons à présent parcourir le cercle des opérations relatives à ces racines dans les douze mois de l'année. Nous commençons par le premier mois de l'année française, parce que c'est en effet dans l'automne que la prévoyance du cultivateur doit étudier et préparer son terrein pour la récolte suivante. Ainsi donc l'annuaire du cultivateur doit s'ouvrir dès le mois de **vendémiaire**, qui répond aux dix derniers jours de **septembre** et aux **vingt** premiers d'octobre.

I. Vendémiaire, *ou* Octobre.

Considération sur la terre que demandent les Carottes. (Année champêtre ; *octobre.*)

Toute terre marécageuse, argileuse, et où il y a de la pierraille, n'est point propre aux carottes : celle qui leur convient le mieux, est la sablonneuse, dont le grain soit léger, qui ne soit point trop froide, et qui aura été bien amendée. Mais si, pour l'amender davantage on a besoin de fumier, il doit lui avoir été donné à l'avance ; car le goût des racines, en général, est beaucoup meilleur quand le fumier a été employé une année auparavant.

Les fumiers, à la vérité, servent à faire végéter les plantes avec force, et en procurent l'abondance ; mais ils ne sont pas ce qui leur donne de bonnes qualités. Aussi voyons nous que l'on mange dans la plupart des grandes villes, des légumes qui souvent n'ont aucun goût, ni aucune saveur agréable. Ce défaut vient communément de ce que les terreins destinés à cette culture dans le voisinage des villes, sont des terres depuis longtems épuisées par les mêmes plantes qu'on y sème chaque année. Ce n'est qu'à force de fumier et d'eau infectée, mauvaise, ou de puits, qu'on les fait sans cesse reproduire. L'essentiel donc, pour les carottes et pour toutes les racines, est de donner au terrein un profond labour, de le défoncer pour le moins de quinze ou seize pouces. Je dis au moins, car si on pouvait le creuser jusqu'à dix-huit ou vingt pouces, il n'en serait que mieux; et il serait mieux encore, si ce travail avait été fait dès la fin de l'automne. On conseille aussi pour le même usage que, dans le cas où le fumier serait nécessaire, on n'en emploie point de trop infect, comme la poudrette ou tel autre, mais qu'on emploie celui de cheval ou d'âne, bien consumé, et au défaut de ceux-là, le fumier de vache, de mouton, etc. (*Voyez* ci-après, page 231).

Ce qui est dit ici pour les carottes doit se pratiquer pour toutes les autres racines.

De la terre propre au Panais. (Calendrier du Fermier.)

Cette racine est recommandée par plusieurs auteurs qui ont écrit sur l'agriculture, comme préférable même aux carottes. L'auteur croit qu'il n'y a pas de comparaison à faire, si ces dernières sont semées à propos et dans des terres convenables : il est certain que cette plante réussit dans la glaise la plus forte, si on fume bien avant. Ceux qui voudront en faire l'essai, doivent songer dès à présent à préparer leur terre, et suivre les mêmes procédés qui seront recommandés pour les carottes; et alors avec de bons engrais, cette culture pourra réussir.

Des labours pour les Carottes. (Ibidem.)

Dans ce mois-ci, l'on doit penser à donner le premier labour aux terres qui doivent porter des carottes au printems. On choisit pour cela les terres les plus légères, mais cependant pas trop sablonneuses; on laboure le plus profond que l'on peut , sans craindre de ramener une terre qui soit entièrement neuve, pourvu que ce ne soit pas de la glaise ou de la marne; car cette racine pivote beaucoup et a besoin d'une terre qui ait du fond; c'est pourquoi il serait bon, pour préparer ces terres , d'avoir une grosse charrue exprès; qui labourât bien profondément. Les fermiers qui n'en ont pas, repassent deux fois de suite dans la même raie. On devrait enlever au moins dix-huit pouces à deux pieds de terre. Peu de récoltes sont aussi avantageuses que celle des carottes , et on pourrait la substituer utilement à celle des turneps , dans les terres qui y sont préparées.

II. BRUMAIRE, *ou* Novembre.

De la récolte des Carottes. (Ibidem, *novembre.*)

On doit, au commencement de ce mois ci , arracher les carottes, quoique plusieurs personnes attendent la fin du mois; mais il est plus prudent de ne pas retarder par la crainte de la pluie ou de la gelée. Cette opération se fait assez vite avec des crochets à trois dents ou à la bêche ; ce dernier moyen est plus long, mais les brise moins. On les soulève en dessous avec cet instrument, on les tire par la tête, et on secoue les racines pour ne pas emporter de terre ; cela se fera facilement si la terre a été tenue en bon ordre; s'il fait beau , on les laisse quelques jours sur le champ , pour que la terre qui est autour se dessèche; on les ramasse par tas, et on les charrie à la maison ; en arrivant on leur coupe la tête que l'on donne aux cochons, et on répand les racines dans une grange ou sous un hangar ; d'autres en font des espèces de meules couvertes de sable ou de paille de seigle : elles seront également bien, si elles sont bien entassées, couvertes t à l'abri de la gelée.

En calculant l'emploi de la récolte de ces racines, il faut en réserver pour les chevaux, quoiqu'il y ait quelques personnes qui prétendent que cela leur donne seulement bon poil ; c'est toujours une preuve que cela ne leur fait pas de mal. Les truies pleines et les porcs à l'engrais sont encore un moyen d'en tirer bon parti, ils en sont très-friands, et cela leur est très-profitable. Les truies qui ont des petits ne peuvent rien manger de meilleur pour faire augmenter leur lait.

Les bœufs s'en engraissent fort bien, et les vaches s'en nourrissent aussi parfaitement, sans que cela donne aucun goût au laitage.

On engraisse les oies dans deux décades, avec des carottes hachées. (*Feuille du Cultivateur.*)

Comme l'auteur de l'*Année champêtre* cultivait dans un climat plus méridional, il ne parle de sa récolte des carottes que dans le mois de décembre (frimaire.) Voici ce qu'il en dit à cette époque.

Carottes à garder.

Si l'on laisse une partie de ses carottes passer l'hiver en pleine terre dans les pays dont la température permet de le risquer, la prudence veut aussi qu'on en arrache une partie, pour la conserver à l'abri des accidens qui peuvent arriver : on se conduit pour cela de diverses façons, la nôtre est ici,

de les nettoyer, après qu'on les a tirées de la terre, de
leur retrancher tout leur feuillage, jusqu'au germe
même, pour qu'elles ne poussent point, et se conservent mieux : on les met ainsi dans un grand tas
de sable sec, dont on les couvre bien.

D'autres, sans leur couper la tête ni la couvrir,
se contentent de les laver ; et après qu'elles sont ressuyées, ils les rangent les unes sur les autres, la tête
en dehors : on ne dit point que le lieu où l'on dépose
ces racines, ne doit point être trop chaud, il suffit
que la gelée ne puisse y pénétrer.

On a imaginé que pour conserver les carottes plus
long-tems bonnes, il fallait les soustraire totalement
à l'action de l'air, pour le tems sur-tout où il commence à s'adoucir, et qu'il ranime la nature en-
gourdie précédemment par le froid. Ici l'auteur de
l'*Année champêtre* copie ce que l'on trouve dans
le présent Recueil, pag. 19 et 20, sur la manière
d'entasser les carottes dans des fossés recouverts de
quatre pieds de terre bien foulée.

On sent aisément, ajoute-t-il, que cette précaution de piler la terre, et d'en mettre dessus trois ou
quatre pieds d'épaisseur, est afin que les gelées ne
puissent pénétrer à travers, et atteindre jusqu'aux
carottes : par ce moyen, on pourra en conserver
toute l'année, qui seront excellentes, et ne seront
pas cordées ; car ne pouvant pas se ressentir de la
température de l'air, dans ce trou, elles ne peuvent
y végéter, comme il arrive assez ordinairement à
celles que l'on tient enfermées dans des endroits
où l'air peut encore circuler ; par exemple, celles
qu'on conserve enterrées dans du sable, au fond
d'une cave, ne sont pas bien à l'abri de l'action
de l'air, parce que le sable n'a pas assez de con-

sistance pour empêcher l'air de pénétrer à travers les interstices qu'il laisse : ainsi elles s'y fanent, au lieu que, dans une fosse profonde, pratiquée au milieu d'un champ, et recouverte de terre, elles jouissent d'une humidité qui entretient leur fraîcheur ; et l'air ne peut pas s'y communiquer aussi aisément qu'à travers le sable. Les terres un peu argileuses sont très-propres pour conserver ainsi les carottes pendant tout le tems que j'ai dit : or c'est une chose essentielle dans l'économie que de pouvoir se procurer de ce légume dans tous les tems, et sur-tout, dans le carême et le commencement du printems, où quand les légumes en général sont quelquefois rares, et que les fruits viennent à passer, les poissons ne sont jamais alors à bon compte, ni abondans ; ce légume conservé dans toute sa bonté, est d'une grande ressource, les jours maigres, et même les jours gras, pour l'assaisonnement des ragoûts.

L'auteur de l'*Année champêtre* dit qu'il a rapporté au long cette méthode de conserver les carottes, parce qu'elle lui a semblé bonne, mais il lui semble aussi que dans l'exécution, on pourrait épargner du travail ; car on trouvera sans doute pénible d'avoir à fouiller et à recombler quatre pieds de terre chaque fois qu'on voudra tirer de ce cachot quelques poignées de racines ; mais il est aisé d'arranger les choses, de manière à faciliter cette recherche.

Des Carottes semées en automne. (Année champêtre, *novembre.*)

Lorsqu'on a de jeunes carottes semées en août ou septembre, on prévient les gelées, et pour les en garantir, on les sarcle, on les serfouit, après quoi on couvre leurs planches avec de la grande tière, ou de paille brûlée, ou de feuillage.

Cette pratique est, au reste, opposée aux leçons d'un auteur qui d'ailleurs en donne de bonnes ; il dit : « Que les carottes ne veulent point être labou- » rées pendant tout le tems qu'elles sont en terre ; » et on a observé que les petits labours que certains » jardiniers leur donnent, leur font plus de tort que » du bien, en ce que cela leur fait pousser un grand » nombre de petites racines ou fibres superficielles ». Cette citation n'est ici que pour la désapprouver : l'auteur de l'*Année champêtre* était d'une opinion contraire, d'après son expérience.

III. FRIMAIRE, *ou* Décembre.

Panais à garder. (Ibidem, *décembre.*)

Ces racines ne craignent point les gelées ; elles y résistent sans être endommagées ; ce n'est donc point par nécessité qu'on les arrache, afin de les en garantir : mais, comme pendant le plus fort de l'hiver la terre est scellée, et qu'il serait alors difficile de les en tirer, on fait d'avance la provision pour ce tems-là, et on les conserve de la manière qu'on a dit pour conserver les carottes.

Il ne faut pas oublier que l'auteur de l'*Année champêtre* écrivait dans la ci-devant Provence : dans les Départemens du nord, il faudrait s'y prendre plutôt.

IV. NIVÔSE, *ou* Janvier.

Des Carottes. (Calendrier du Fermier, *janvier.*)

Si le fermier juge à propos de donner deux façons pour les carottes, ce que l'auteur croit inutile, la seconde doit être donnée en janvier, si toutefois le tems le permet; ce qui peut être quelquefois au midi, ou en Angleterre, et ce qui n'est pas commun dans le nord de la France.

V. PLUVIÔSE, *ou* Février.

Préparation pour les Carottes. (Calendrier du Fermier, *février.*)

Cette culture est fort importante pour les fermiers qui l'entendent; mars (ventôse) est le tems propre pour les semer, mais il faut préparer la terre ce mois-ci. Je suppose que la terre ait reçu un labour bien profond en octobre (vendémiaire), il faut en donner un léger dans ce mois-ci, par un tems sec, ce qui prépare la terre à en recevoir un bon le mois suivant pour semer. Les terres propres aux carottes sont les terres fortes, les sables ou terreins secs, de sorte que l'on pourra toujours les labourer ce mois-ci; ce labour ne serait pas bien nécessaire si la terre était en bon état; et si même après être labourée la terre était bien meuble et se hersât bien, on semerait sur ce labour sans en donner un nouveau en mars (ventôse); car quoique ce mois-là soit ordinairement celui des semences, c'est plutôt la température de l'air qui doit régler que le reste, et la graine de carotte craint tant l'humidité en général, qu'il vaut mieux la semer en novembre (frimaire) qu'en mars (ventôse) s'il est humide.

Voilà ce que l'auteur du *Calendrier du Fermier* écrit pour le climat de l'Angleterre. Nous allons voir ce que l'auteur de l'*Année champêtre* a dit pour la ci-devant Provence. Cet article et ceux de tous les autres mois doivent être conférés avec ce que nous

avons rassemblé dans ce Recueil, d'expériences faites dans toutes sortes de pays et de températnres, à
Genève, en Suisse, en Picardie, en Flandre, etc.
Il faut sur-tout faire attention au moyen ingénieux
et utile donné par M. Alphonse le Roy, (n°. 19)
pour hâter la germination de la graine des carottes ;
ce qui permet de les semer plus tard, avec l'espérance d'en jouir plutôt.

Des Carottes à semer pour en avoir de précoces.
(Année champêtre, *février.*)

Quand on n'a pas eu la précaution de semer en été
des carottes qui puissent servir au défaut des anciennes, on en sème à présent. Par leur hâtiveté, elles
devancent celles qu'on semera aux mois prochains,
et succèdent à celles de l'été. Il ne faut pas cependant en semer beaucoup, car elles sont sujettes à
monter ; on les place à quelqu'endroit bien à l'abri,
et lorsqu'elles lèvent trop dru, on a soin de les éclaircir. *Voyez* en mars (ventôse) la façon générale de
les semer, et en mai (floréal) celle de les éclaircir.

Carottes pour graine. (Ibidem.)

Vers la fin de ce mois, on destine pour graine les
carottes dont on peut avoir besoin. Il vaut mieux en
avoir de reste que d'en manquer, par quelque accident qui surviendrait à ces plantes. Si elles sont encore en pleine terre, ce qui est le mieux, on se contente de marquer les plus belles de chaque espèce ;
si elles ont été arrachées, et qu'on les ait en main,
on choisit les mieux conditionnées, soit pour le germe
qui doit être entier, bien vif et animé, soit pour la
racine, prenant garde qu'elle ne soit divisée en bran-

ches, et on les plante à un pied de distance les unes des autres, en lieu de sûreté, contre l'attaque des mulots qui en sont très-friands.

Il n'est pas d'ailleurs nécessaire de choisir leur logement dans le meilleur terrein, le médiocre suffit pour avoir de bonne graine ; car dans un terrein trop gras la carotte qui y pousse une grande quantité de tiges, ne produit pas la meilleure graine.

Voyez au surplus ce que j'ai recueilli (n°. 21 ci-dessus), relativement à la culture des carottes pour graine, dans le comté de Sussex, en Angleterre.

Panais à semer. (Ibidem.)

Sur la fin de ce mois on sème des panais en pleine terre ; on en fait des planches entières qu'on sème à la volée ; l'on en fait encore des bordures.

Comme la graine est un certain tems à lever, on la sème aussi de bonne heure pour devancer l'usage de ces racines ; mais il faut prendre garde que la terre qui est encore froide pour seconder sa germination, ne soit point aussi trop fraîche ou trop humide ; ce qui pourrirait la graine. Alors, au lieu d'avancer, on se trouverait reculé ; c'est pourquoi si des pluies trop long-tems continues faisaient soupçonner cet accident, on le répare au plutôt, en semant une seconde fois, trois semaines après la première.

Ce n'est pas, ce me semble, la saison de suivre le conseil de Saussay, qui dit de battre bien les planches semées avec le dos de la bêche, pour bien faire souder ensemble la terre et la graine, moyennant quoi les graines lèvent plus promptement, et elles viennent bien mieux. On croirait, au contraire, que ce serait former un obstacle à la sortie des graines,

en leur opposant aussi une espèce de mortier qui
durcirait, si la terre était fort humide : barrière que
la plupart de ces graines ne pourraient percer, ou
ne perceraient qu'avec perte.

(Relativement aux panais, conférez avec ces
articles les n°². 1 et 20 de ce Recueil, en observant toujours la différence qui peut exister entre
la latitude et les abris de la ci-devant Bretagne, où
ces expériences ont eu lieu, et la température et la
position du pays où on veut les répéter ; car c'est-là
une des premières règles de l'agriculture, et une des
principales attentions pour profiter à cet égard des
exemples et des livres.)

VI. Ventôse, *ou* Mars.

Semaille des Carottes. (Calendrier du Fermier,
mars.)

C'est à présent la vraie saison de les semer, à
moins que le tems n'ait été assez sec pour permettre
de le faire en février. Labourez la terre à l'ordinaire, mais le plus à plat possible ; semez-y à la
volée environ quatre livres de semence par acre.
L'idée générale est de croire que les carottes ne viennent que dans le sable, mais cela est faux, car elles
viennent parfaitement dans les terres rouges, légères
ou humides, pourvu qu'elles aient du fond ; car il
faut que la charrue en enfonçant, amène toujours
une terre de la même qualité. Une terre sablonneuse
qui aurait les mêmes qualités, fournirait de très-
bonnes récoltes ; le sable noir est le meilleur. Mais
malgré cela, je le répète, les carottes réussissent
dans les autres terres, quelquefois même dans les
terres fortes, mais jamais dans la glaise. La seule

raison pour laquelle on donne la préférence aux terres sablonneuses, est que la culture en est plus facile, tant pour la plantation que pour le binage, dans le cours de l'année.

Si vous voulez avoir une superbe récolte de ces racines, mettez sur la terre quinze ou vingt voitures de fumier bien pourri par acre; enterrez-le à la charrue, ensuite semez les carottes et enterrez-les à la herse; la récolte sera abondante, et une de celles qui dédommageront le mieux du fumier que l'on y menera.

Ce n'est pas que beaucoup de gens ne disent que le fumier ne vaut rien aux carottes, parce qu'il les fait monter trop vite, les empêche de grossir, ou leur donne un mauvais goût; mais l'auteur n'a jamais eu de preuves de pareille assertion; un principe général en agriculture, est que les engrais doublent les produits.

L'auteur ne peut pas quitter cet article sans conseiller cette culture à tout bon fermier, non pas en petit pour un ou deux arpens, mais un clos entier, comme des navets, blés, etc. Ce qui lui sera d'un très-grand profit, valant jusqu'à cinq louis l'acre (300 francs par hectare) tous frais faits, ce que nulle récolte, même celle de blé, ne donne, excepté quelquefois les pommes de terre, sans compter que les carottes ameublissent parfaitement la terre.

(C'est, en effet, le principal avantage de la culture des carottes en grand. Cette racine améliore le terrein au lieu de l'épuiser.

L'auteur Anglais ne parle pas de la semaille des carottes parmi les seigles, ou sur les grains de mars. Cette pratique est cependant celle que la Société d'Encouragement pour l'industrie nationale a voulu recommander d'une manière plus instante. A cet égard, voyez les numéros de ce Recueil, qui traitent de cette méthode flamande, n°. 8, page 98, et encore n°°. 15, 16 et 17.

Au surplus, on vient de voir la semaille des carottes en plein champ pour les fermiers. Il n'est pas inutile de comparer la méthode des jardiniers. L'auteur de l'*Année champêtre* nous la donne-dans le même mois).

Tems et façon de semer les Carottes. (Année champêtre, *mars.*)

La terre étant disposée, on sème, ou à la volée, c'est-à-dire, sans faire des rayons dans les planches, afin qu'il y ait de la graine partout, ou on la sème par rayons : les carottes viennent bien des deux façons. La première est cependant la plus usitée ; il faut seulement éclaircir le plan lorsqu'il a levé trop épais, de sorte qu'il ait quatre ou cinq pouces de vide entre les plantes ; elles en deviennent plus belles, et elles sont plus aisées à serfouir. Cette graine n'aime pas d'être enterrée trop avant dans la terre ; on pourrait même ne la recouvrir qu'à l'aide d'un rateau, si l'on veut, où que la place le demande.

Avant que de semer cette graine, on la froisse entre les mains, pour faire tomber tout le petit poil dont elle est hérissée.

On en sème encore dans les mois d'avril, de mai, d'août et de septembre (floréal, prairial, thermidor et fructidor) ; mais il faut observer que, quand on peut choisir, l'on préfère la graine d'un an à la graine nouvelle ; car celle-ci fait monter les plantes plus aisément que la vieille.

Il ne faut pas non plus épargner la graine en semant, soit parce qu'elle ne lève pas toute, soit parce qu'on peut arracher les superflues lorsqu'on sarcle, soit parce qu'enfin on les éclaircit en choisissant les plus grosses pour manger.

L'utilité de la carotte la rend essentielle dans un potager, qui ne doit pas en manquer : cette utilité se trouve dans les différens usages qu'on en fait en cuisine, et par la durée de ces usages ; car on a des carottes toute l'année, quand on a soin de les faire succéder les unes aux autres, comme on le peut, en suivant ce qui est exposé dans ce Calendrier.

Soins des Carottes qui ont été semées en été. (Ibidem.)

Il faut, dès que ces jeunes plantes se disposent à pousser, les débarrasser de toute mauvaise herbe, les éclaircir, s'il y en a trop, et arracher sur-tout celles qui paraissent vouloir monter ; car on prétend, dit M. de Combe, qu'elles communiquent aux autres leurs dispositions à monter, si on ne les retire pas : de quoi plusieurs maréchers l'ont assuré. Eh quoi ! dit l'auteur sur cela, le mauvais exemple est-il contagieux parmi les plantes, comme il ne l'est que trop chez les hommes ?

Après avoir ainsi mondé ces jeunes plantes avec soin, elles s'avivent, croissent avec diligence, et bientôt elles servent, faisant attendre sans regret que celles qu'on a semées depuis soient en état de fournir pour la table.

Des Panais pour graine. (Ibidem.)

Lorsque les panais sont prêts à pousser, on choisit les plus belles plantes pour graine. Si elles sont en lieu où elles n'incommodent point, on les y laisse, et l'on se contente de les y marquer ; elles donneront une graine mieux conditionnée restant en place, parce qu'on ne dérange point la position de leurs racines, ni leur végétation. Si l'on ne peut les laisser où elles se trouvent, on les arrache pour les replanter tout de suite en quelque endroit où leur tige, qui s'élève de trois à quatre pieds, ne soit point exposée aux secousses du vent.

VII. Germinal, *ou* Avril.

Des Carottes à biner. (Calendrier du Fermier, *avril.*)

Si elles ont été semées de bonne heure, elles seront aussi bonnes à biner à la fin de ce mois. La règle est de commencer cette opération dès que la plante dépasse les mauvaises herbes ; mais il ne faut jamais le faire par un tems mou : on se sert pour cela d'une houe de trois pouces de large, avec un manche de deux pieds : l'ouvrier doit être à genou, comme les jardiniers pour sarcler l'ognon. S'il y a beaucoup d'herbe, cet ouvrage coûte fort cher par acre ; mais le profit de la laiterie en augmentera bien de trente sous par jour.

(Les binages et les sarclages seront épargnés, ou du moins bien diminués, si l'on combine ensemble la méthode d'accélérer la germination de la graine, développée N°. 19 de ce Recueil, et l'usage de semer les carottes sur les seigles ou avec les grains de mars, décrit dans les N°.8, 15, 16 et 17. Il faut observer, en outre, qu'il y a des pays où l'on sème la carotte avec le lin, dans le mois de floréal seulement).

Des Carottes à semer. (Année champêtre, *avril.*)

Suivant que les circonstances l'exigent, on sème des carottes, et on en sème plus ou moins, à proportion que celles des mois précédens ont bien ou mal réussi. Cela dépend encore de la qualité de la terre; car en terre légère on peut semer dès la mi-mars, et dans les terres fortes, il faut attendre jusque vers la fin d'avril. (Ceci est dit pour le climat de Marseille.)

VIII. FLORÉAL, *ou* Mai.

Des Carottes à sarcler. (Calendrier du Fermier, *mai.*)

Si ces racines n'ont pu être ez-herbées et sarclées le mois dernier, il est à propos de le faire ce mois-ci, et même de recommencer cette opération, si la première a été faite de bonne heure, et que l'herbe ait repoussé. (Même observation, sur le moyen d'éviter les sarclages, qu'au mois précédent.)

Carottes à sarcler et à replanter. (Année champêtre, *mai.*

Si les carottes semées en mars (ventôse) sont déjà un peu fortes, et qu'elles aient trois ou quatre feuilles, on les débarrasse des mauvaises herbes et des plantes même qui se gênent par leur proximité. On choisit pour ce travail un tems auquel la terre soit bien humectée, ou, pour la mettre en cet état, on l'arrose, afin qu'on puisse arracher les plantes sans les rompre. Ayant ainsi ôté tout ce qu'il y avait de superflu, on choisit parmi les plantes arrachées celles qui sont venues sans se casser, et qui n'ont qu'un pivot, et on les replante avec attention, c'est-à-dire, qu'on fait avec le plantoir des trous proportionnés, afin que la racine pivotante ait une extension directe dans toute sa longueur, sans se replier en aucune façon. On aligne ces petites plantes en sillons espacés de cinq ou six pouces. Ainsi émancipées, et soignées ensuite avec les soins convenables, elles oublient et ne regrettent point leur premier domicile; elles ne songent, au contraire, qu'à prospérer. Le plant mutilé, de quelque façon que ce soit, en l'arrachant, ou qui a fait des branches, est à rejeter. On doit arroser ces carottes ainsi plantées, jusqu'à une parfaite reprise. On les arrose toutes généralement pendant leur jeunesse; car quand elles ont pris un certain accroissement, elles ne se trouvent pas mal d'être un peu négligées de ce côté-là.

L'auteur sait que tous ne conviennent pas qu'on travaille utilement en replantant les carottes : quelques auteurs disent même que c'est la plus mauvaise méthode du monde; mais ils ne s'apuient que sur des objections que l'auteur a prévenues en prescrivant le choix des plantes, et les précautions à prendre en les plantant.

Des Carottes à semer. (Ibidem.)

Si quelques circonstances ont empêché de semer des carottes autant qu'on en voulait, on est à tems d'en semer encore, comme il a été dit en mars.

Culture des Panais. (Ibidem.)

Si la main du semeur s'est un peu relâchée, et

que les panais aient levé trop drus, il les faut éclaircir, afin que ceux qui restent, soient mieux nourris
et deviennent plus beaux.

IX. PRAIRIAL, *ou* Juin.

Des Carottes à sarcler. (Calendrier du Fermier, *juin.*)

Il faut nettoyer les carottes à la fin de ce mois :
si ce sont des hommes qui font cet ouvrage, ils
doivent avoir soin non - seulement d'arracher les
mauvaises herbes, mais même les carottes qui seraient trop près les unes des autres, d'autant que
voilà la dernière façon, à moins que l'été étant
très-pluvieux, les mauvaises herbes ne repoussent
au point d'être obligé d'y donner encore un binage
à la fin d'août (thermidor).

Arrosement des Carottes. (Année champêtre, *juin.*)

Lorsqu'on a eu soin de donner le premier labour,
comme on l'a prescrit, il n'est point nécessaire d'arroser les plantes, si ce n'est dans le cas de grande
sécheresse, quand, par exemple, la terre vient à
se gercer bien avant : en ce cas, il sera bon d'arroser les carottes, mais il faudra le faire abondamment, et de manière que les eaux puissent pénétrer
jusqu'au fond du labour. Un seul ou, tout au plus,
deux arrosemens semblables suffiront pour tout le
tems des sécheresses dans les terres qui seront un
peu arides et peu profondes, parce que cette plante,
dit un auteur, trouve suffisamment d'humidité dans
la terre, et que la sécheresse, qui est si préjudi-

ciable aux autres plantes potagères, oblige celle-ci
à se fortifier dans sa principale racine qui pique
au fond ; ce qui fait qu'elle n'en pousse ordinairement qu'une, quand la terre a été bien défoncée
d'abord : c'est la raison pour laquelle l'on ne doit
jamais arroser les carottes superficiellement, et
c'est pourquoi, dans le cas d'une grande sécheresse,
il faut les arroser de façon que l'eau pénètre jusqu'au fond du terrein défoncé, vers lequel elles
travaillent.

Des Carottes à semer. (Ibidem.)

Si on aime les carottes jeunes et tendres, on peut
en semer dans ce mois, qui succéderont à celles
qu'on a semées au printems, ou qui serviront au
printems prochain.

Si l'on sème à présent des carottes elles lèvent, et
se fortifieront avant le froid auquel elles résistent ;
on peut commencer d'en manger dès le milieu du
mois de mai (floréal), tems auquel elles seront fort
délicates.

(Mais on avancéra beaucoup le tems de ces récoltes,
si l'on suit la méthode de préparer la graine suivant
le procédé décrit par M. Alphonse le Roy, n°. 19 de
ce Recueil, ou quelque moyen équivalent.)

X. Messidor, ou Juillet.

Fane des Carottes, ou feuillage à leur retran-cher. (Année champêtre, juillet.)

C'est l'opinion de plusieurs, que pour faire grossir
la carotte par sa racine, il faut souvent en couper le
feuillage, ou du moins, deux fois en été, au commencement de ce mois, et en octobre (vendémiare.)

A l'article de ce dernier mois le même auteur ajoute, à ce sujet, que l'on peut, pour la seconde fois, couper le feuillage des carottes, ou comme d'autres conseillent, faire rouler dessus une grosse pièce de bois, ou de pierre en cylindre, pour rabattre les feuilles, ce qui fait, nous dit-on, que la sève porte mieux dans la racine, et s'y arrêtant la fait grossir. L'auteur observait cependant de laisser leur fane aux carottes qui devaient hiverner en terre, afin qu'elle leur servît de préservatif contre le froid. Mais il ne faut pas oublier que l'auteur écrivait près de Forcalquier, aujourd'hui département des Basses-Alpes.

XI. Thermidor, *ou* Août.

Des Carottes à houer. (Calendrier du Fermier, *août.*)

Il faut examiner vers la fin du mois les carottes, et les faire houer bien légèrement, afin d'extirper le peu de mauvaises herbes qui peuvent s'y être introduites, depuis la dernière operation en juin (messidor). Si on les a houées comme il faut la première fois, il suffira de les faire sarcler.

Carottes à semer. (Année champêtre.)

Dès l'entrée de ce mois, et pendant sa durée, on sème les carottes qu'on veut manger tendres au printems, lorsque les anciennes finissent, ou que la sève s'étant mise en mouvement change leur goût. Voyez en mars (ventôse) les observations à faire.

Graine de Carottes. (Ibidem.)

Les carottes de l'année précédente qu'on a replantées au mois de mars (ventôse) donnent à présent leurs graines ; leurs tiges sont de moyenne grosseur, rondes, un peu velues, creuses, rameuses, hautes environ de trois ou quatre pieds ; elles portent en leur sommet des graines disposées en parasol, et placées deux à deux ; ces graines sont de couleur de feuille-morte, petites, leur figure est ovale ; elles ont une espèce de poil du côté opposé à celui par où les deux graines se touchent ; ce côté est à plein, et l'autre convexe ; elles sont cannelées dans leur longueur, et ont une odeur aromatique qui n'est point désagréable.

On doit récolter cette graine à plusieurs fois, à mesure qu'elle sèche, et mettre à part non-seulement les premiers parasols, dont la graine est ordinairement meilleure ; mais il faut encore distinguer celle qui est dans l'intérieur des parasols comme la mieux nourrie et la plus franche. Avant que de la nettoyer et de l'enfermer, on l'expose quelques jours au soleil, après quoi on la garde en lieu sec ; ainsi bien mûre et aoûtée, elle se conserve en valeur au moins deux ans, car l'auteur de *l'Année champêtre* avait semé de la graine de trois ans ou environ, qui avait encore fort bien levé.

Graine de Panais. (Ibidem.)

La graine de panais mûrit ordinairement sur la fin de ce mois ; elle est facile à tomber ; ainsi il faut y prendre garde, et la cueillir aussitôt qu'elle est mûre ; elle commence à l'être d'abord sur les ombelles de la tige, avant que de l'être sur les branches ou leurs subdivisions ; ainsi on attend, pour couper la plante en entier, que la graine la plus tardive soit en état.

Cette plante est plate et mince, d'un rond approchant de l'ovale ; elle est bordée d'un espèce de cercle, le, rayée dans sa longueur ; elle est de la couleur de la paille, et un peu brune sur le milieu : cette graine n'est bien bonne à semer qu'une année ; à la seconde elle lève mal, ou point du tout.

XII. Fructidor, *ou* Septembre.

Graine de Carottes. (Année champêtre, *sep-tembre.*)

On a quelquefois encore des tiges de carottes dont la graine est en maturité ; on aura soin de la recueillir avec les observations marquées au mois d'août (thermidor.)

Carottes à semer. (Ibidem.)

Si les Carottes semées au mois précédent n'ont pas levé comme il faut, ou qu'on veuille en avoir qui leur succèdent, en attendant celles qu'on a semées au printems, on peut en semer encore, mais non plus tard que le milieu de ce mois : autrement elles manqueraient de tems pour acquérir assez de force, et pouvoir lutter contre les attaques du froid.

(Cependant on pourrait essayer de les semer alors, en employant le procédé de faire germer la semence. (*Voyez* le Nº. 19 de ce Recueil.)

Semence de Panais. (Ibidem.)

Si l'on veut avoir de ces racines qui ne montent point aussitôt que celles du printems, on peut en semer en ce mois.

(J'ai cru devoir donner ainsi, mois par mois, le tableau de ce qui a été prescrit aux fermiers et aux jardiniers pour la culture intéressante qui fait l'objet de ce Recueil. Tous les objets qu'embrasse l'économie rurale doivent être suivis dans l'ordre du calendrier. C'est le meilleur moyen pour celui qui cultive, de calculer d'avance ce qu'il doit préparer, et de se rendre compte de ce qu'il a pu faire. Mais après la récolte des carottes et des racines, qui est, à la fin de l'année, le prix de son travail, il faut que le fermier ait un moyen très-simple de les couper par tranches, pour les distribuer jour par jour à ses bestiaux. C'est à quoi doit servir un moulin-couteau, plus parfait, dont la description, suivie de son dessin, va mettre fin à ce Recueil.)

N.º 24.

EXPLICATION avec figures, d'un moulin-couteau, ou d'une machine à couper par tranches les Carottes, les Navets et autres racines servant à la nourriture des bestiaux.

CETTE machine consiste essentiellement dans quatre lames d'acier tranchantes par un de leurs bords, placées à la circonférence d'un cylindre dont un des bouts est creux, et que l'on fixe par l'autre à l'extrémité d'un arbre en fer, comme un mandrin sur le nez de l'arbre d'un tour.

Le tranchant de chaque lame ou couteau d'acier dont le cylindre est armé, est tourné du même côté. Les surfaces du cylindre qui séparent les lames rentrent graduellement vers le centre, à partir du dos de chaque couteau, de manière que près du tranchant elles laissent un espace entre elles et la lame d'environ douze millimètres. Cet espace qu'on pourrait en quelque sorte comparer à la lumière d'un rabot, pénètre dans le creux du cylindre, d'où il résulte qu'en faisant tourner le cylindre dans le sens qui convient, les carottes ou autres racines que contient une trémie placée au-dessus, sont coupées par tranches qui entrent dans le creux du cylindre, d'où elles sortent ensuite et tombent dans la mangeoire qui se trouve devant la machine.

———

Explication des figures réduites à un douzième de l'ancien pied. Les lettres indiquent les pièces dont la machine se compose.

Fig. 1 et 2. Vue de la machine, de face et de profil.

A. Pièces composant le bâtis.

B. Arbre de la manivelle, tournant dans des collets.

C. Manivelle.

D. Cylindre de bois composé d'une ou de plusieurs pièces, et dont la forme imite celle d'un mandrin de tour en l'air.

E. Quatre cercles de fer dont un est placé intérieurement au bord du creux du cylindre.

F. Quatre lames à tranchant d'acier, fixées sur la circonférence du cylindre en dessous des deux premiers cercles de fer E.

G. Quatre boutons de fer qui traversent l'épaisseur des parois du cylindre, le cercle de fer E intérieur, les lames d'acier F, et se vissent dans l'épaisseur du cercle de fer extérieur. Ces boulons servent en même-tems à maintenir en place les lames F et les crochets de fer E.

H. Trémie placée au-dessus du cylindre et portée par deux traverses du bâtis.

I. Cloison qui s'élève verticalement dans le plan de l'axe du cylindre ; le bord inférieur de cette cloison est recouvert d'une lame d'acier sous laquelle passent, sans la toucher, les lames E portées par le cylindre. La surface contre laquelle les racines sont conduites par le mouvement du cylindre, est entaillée de plusieurs coches qui empêchent ces racines de remonter à l'instant où elles sont coupées.

J. Volant formé d'un cercle de plomb et de deux plateaux en bois qui servent à le fixer sur l'arbre B. Ce volant étant garni d'émeril à sa circonférence, peut servir à aiguiser les lames F, en même-tems qu'il sert à régulariser le mouvement.

K. Croche ou mangeoire dans laquelle tombent les tranches des racines à mesure qu'elles se forment.

Fig. 3. Coupe du cylindre D par la ligne A B, qui montre la forme des couteaux, et les ouvertures par lesquelles passent les tranches des racines.

Nous n'entrerons pas dans de plus grand détails sur la construction de cette machine. Il suffit d'en avoir fait connaître toutes les parties qui la composent, et la manière d'opérer, pour qu'on puisse en construire d'autres sur le même principe ; nous observerons seulement qu'il est nécessaire de placer sur le bâtis, une boîte à couvercle, dans laquelle on renferme les lames à tranchant lorsqu'on ne fait pas usage de la machine, afin de les préserver de la rouille et prévenir tout accident.

Cette machine est exécutée au Conservatoire des Arts et Métiers, rue et ancienne abbaye St.-Martin, à Paris. Le digne Directeur de cet établissement, M. Molard, a bien voulu m'en donner le dessin. Ce moulin-couteau est fort supérieur à celui de Cretté-Palluel. M. de Lasteyrie l'a vu opérer en grand dans la manufacture de sucre d'Achard, à Berlin.

F I N.

TABLE DES MATIÈRES.

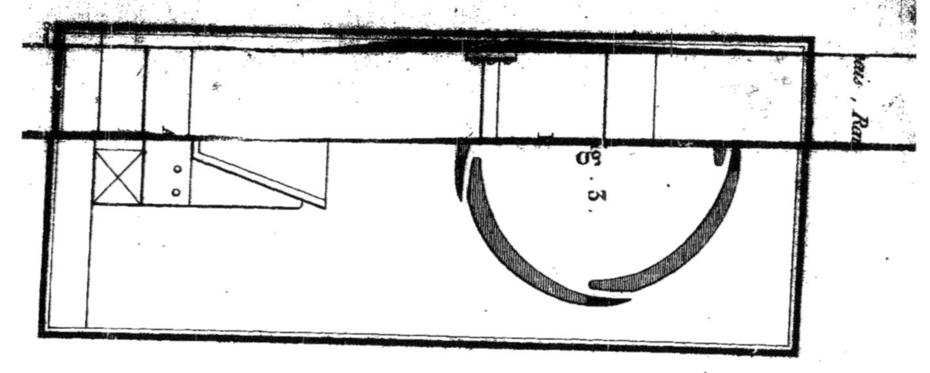

Fig. 3.

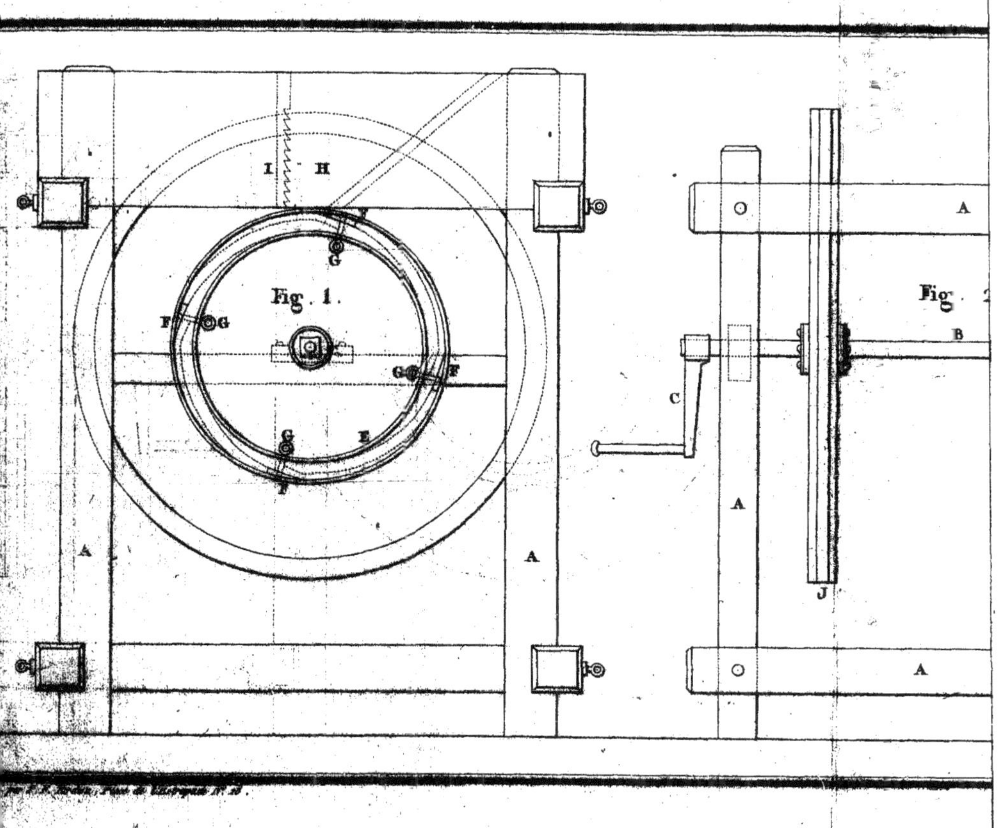
I H
G
F G
Fig. 1.
F
E
G
A
A
A
A
B
C
A
J
Fig. 2
A

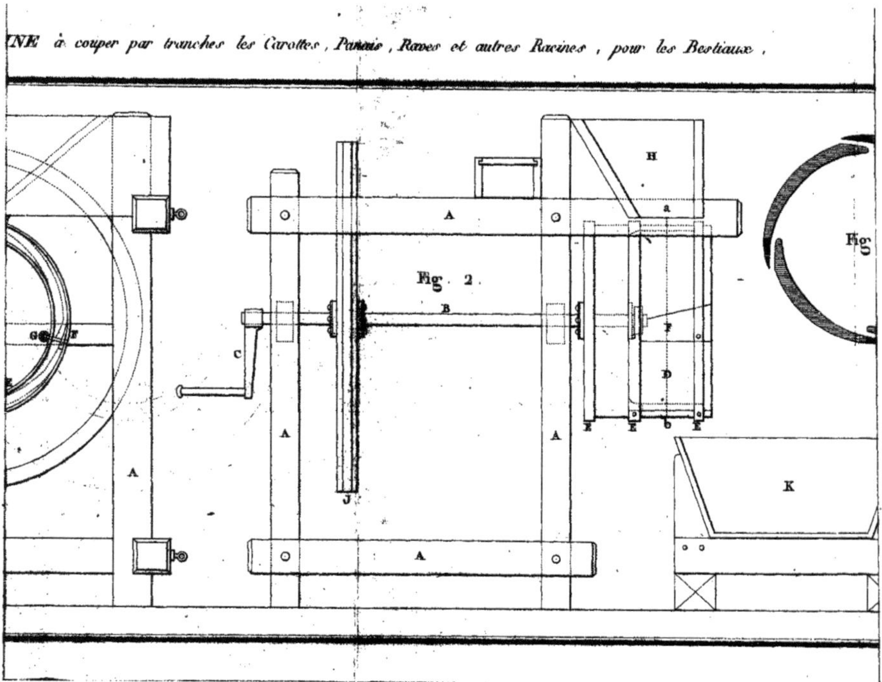

A
A
A
A
B
C
J
Fig. 2.
G
F
H
a
F
D
E
E
b
K
Fig.

e les Carottes, Panais, Raves et autres Racines, pour les Bestiaux.

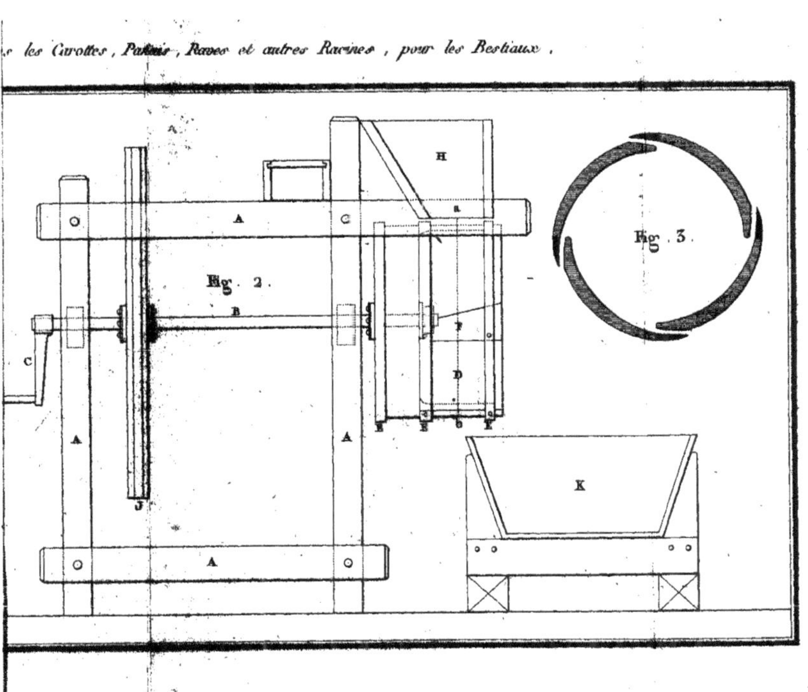
Fig. 2.
Fig. 3.
A
B
C
D
H
K
J